工业和信息化普通高等教育"十三五"规划教材立项项目

21世纪高等学校计算机规划教材

21st Century University Planned Textbooks of Computer Science

数据库技术及应用实验指导（Access 2016）

The Experimental Guidance of DataBase Technology and Applications (Access 2016)

鲁小丫 李贵兵 主编

梅林 黄培 副主编

U0220295

高校系列

人民邮电出版社

北 京

图书在版编目（CIP）数据

数据库技术及应用实验指导：Access 2016 / 鲁小
丫，李贵兵主编. -- 北京：人民邮电出版社，2020.9（2023.1重印）
21世纪高等学校计算机规划教材
ISBN 978-7-115-54535-0

Ⅰ. ①数… Ⅱ. ①鲁… ②李… Ⅲ. ①关系数据库系
统－高等学校－教材 Ⅳ. ①TP311.138

中国版本图书馆CIP数据核字(2020)第137641号

内 容 提 要

　　本书是《数据库技术及应用（Access 2016）》配套的实验教材。全书共分为 3 部分，第 1 部分（第 1 章～第 6 章）提供了与《数据库技术及应用（Access 2016）》教材内容相配套的 6 个实验项目及操作步骤，第 2 部分（第 7 章）提供了综合自测题，第 3 部分（附录）提供了全国计算机等级考试公共基础知识部分的练习题。

　　本书既可作为高等院校非计算机专业的"数据库应用技术"课程的上机实验教材，也可作为全国计算机等级考试（二级 Access 数据库程序设计）的备考用书以及数据库应用系统开发人员的参考用书。

　◆ 主　　编　鲁小丫　李贵兵
　　　副主编　梅　林　黄　培
　　　责任编辑　邹文波
　　　责任印制　王　郁　陈　犇
　◆ 人民邮电出版社出版发行　　北京市丰台区成寿寺路 11 号
　　　邮编 100164　电子邮件 315@ptpress.com.cn
　　　网址 https://www.ptpress.com.cn
　　　固安县铭成印刷有限公司印刷
　◆ 开本：787×1092　1/16
　　　印张：11.25　　　　　　　　　　2020 年 9 月第 1 版
　　　字数：244 千字　　　　　　　　2023 年 1 月河北第 5 次印刷

定价：39.80 元

读者服务热线：(010)81055256　印装质量热线：(010)81055316
反盗版热线：(010)81055315
广告经营许可证：京东市监广登字 20170147 号

前言

为了让学生对数据库应用系统开发的完整过程有一个充分而全面的认识，我们组织编写了本书，以配合学生的学习与上机操作。

本书内容主要分为 3 部分。第 1 部分提供了与《数据库技术及应用（Access 2016）》教材内容相配套的 6 个实验项目及操作步骤，通过这 6 个实验项目的实际操作，最后可完成一个完整的小型数据库应用系统——图书管理系统；第 2 部分和第 3 部分的内容主要针对全国计算机等级考试（二级 Access 数据库程序设计），第 2 部分提供了综合自测题，其中，表、查询和综合应用题各 10 题，这些综合自测题内容丰富、覆盖面广，有利于学生巩固所学知识，提高计算机应用能力；第 3 部分（附录）提供了全国计算机等级考试公共基础知识部分的练习题。

本书的编写人员都是多年来从事高校计算机基础教学的优秀教师，具有丰富的理论知识和教学经验。本书由鲁小丫和李贵兵担任主编，梅林和黄培担任副主编。其中，第 2、7 章和附录部分由鲁小丫编写，第 1、5 章由黄培编写，第 3、4 章由李贵兵编写，第 6 章由梅林编写，最后由鲁小丫统稿。

教学工作是本书写作的基础，在教学过程中，学校对本课程建设的支持，以及每年 2000 多名本科生对本课程的学习和反馈也为本书的写作提供了帮助，在此表示感谢。最后还要感谢西南民族大学计算机基础教研室的各位老师在本书写作过程中提出的宝贵建议，提供的无私帮助。

本书既可作为高等院校非计算机专业的"数据库应用技术"课程的实验教材，也可作为全国计算机等级考试（二级 Access 数据库程序设计）的备考用书以及数据库应用系统开发人员的参考用书。

为了加深读者对内容的理解，方便教师使用本书进行教学工作，我们还提供了书中用到的案例素材（如各章中提到的文件夹等），读者可访问人邮教育社区（https://www.ryjiaoyu.com/）下载。

限于编者的水平，本书难免存在疏漏及不妥之处，衷心希望读者批评斧正，作者联系方式为：35519309@qq.com。

编者

2020 年 4 月

目 录

第1章
表的创建与维护

实验 1　创建表对象

一、实验任务

在本书配套资源中有一个名为"图书管理"的空数据库（文件名为图书管理.accdb），以及"图书管理"数据库所需要的 Excel 数据源文件，包括图书信息.xlsx、图书类型.xlsx、图书馆藏信息.xlsx、图书借阅.xlsx、管理员信息.xlsx、读者信息.xlsx、读者类型.xlsx 和读者罚款记录.xlsx。

其中，"图书类型"表内容如表 1-1 所示。

表 1-1　　　　　　　　　　　　　　"图书类型"表内容

图书类型号	图书类型	超期罚款单价
1	计算机类	￥0.30
2	音乐类	￥0.20
3	文科类	￥0.25
4	理工类	￥0.27

（1）利用已有数据，创建"图书管理"数据库中的数据表。

（2）将"读者信息"表的"政治面貌"字段类型修改为查阅向导（自行输入所需的值）。

（3）任务一文件夹下存放有刘海艳的照片文件，向"读者信息"表中添加刘海艳的照片数据；添加刘海艳的电子邮箱信息：liuhaiyan@163.com。

"图书管理"数据库各数据表的表结构设计如表 1-2～表 1-9 所示。

表 1-2　　　　　　　　　　　　　"图书信息"表结构

字段名称	数据类型	字段大小	是否主键
图书编号	短文本	5	是
书名	短文本	10	否
作者	短文本	5	否
出版社	短文本	10	否
出版日期	日期/时间	--	否
藏书量	数字	整型	否
图书类型号	短文本	2	否

表 1-3　　　　　　　　　　　　　"图书类型"表结构

字段名称	数据类型	字段大小	是否主键
图书类型号	短文本	2	是
图书类型	短文本	10	否
超期罚款单价	货币	10	否

表 1-4　　　　　　　　　　　　　"图书馆藏信息"表结构

字段名称	数据类型	字段大小	是否主键
图书编号	短文本	5	是
在馆数量	数字	整型	否
状态	短文本	4	否

表 1-5　　　　　　　　　　　　　"图书借阅"表结构

字段名称	数据类型	字段大小	是否主键
读者号	短文本	12	否
图书编号	短文本	5	否
借阅日期	日期/时间	--	否
还书日期	日期/时间	--	否
借阅天数	计算	双精度型	否
应还日期	日期/时间	--	否
续借次数	数字	整型	否

注：借阅天数的计算表达式为：[还书日期]-[借阅日期]。

表 1-6　　　　　　　　　　　　　"管理员信息"表结构

字段名称	数据类型	字段大小	是否主键
编号	短文本	7	是
姓名	短文本	10	否
性别	短文本	1	否
密码	短文本	3	否

表 1-7　　　　　　　　　　　　　　　　　　"读者信息" 表结构

字段名称	数据类型	字段大小	是否主键
读者号	短文本	12	是
姓名	短文本	10	否
性别	短文本	1	否
民族	短文本	5	否
政治面貌	短文本	6	否
出生日期	日期/时间	--	否
所属院系	短文本	6	否
读者类型号	短文本	1	否
欠款	货币	--	否
电子邮箱	超链接	--	否
简历	长文本	--	否
照片	OLE 对象	--	否
备注	长文本	--	否

表 1-8　　　　　　　　　　　　　　　　　　"读者类型" 表结构

字段名称	数据类型	字段大小	是否主键
读者类型号	短文本	1	是
类型名称	短文本	5	否
可借图书数量	数字	整型	否
可借天数	数字	整型	否

表 1-9　　　　　　　　　　　　　　　　　　"读者罚款记录" 表结构

字段名称	数据类型	字段大小	是否主键
读者号	短文本	12	是
罚款金额	货币	--	否
罚款日期	日期/时间	--	否

二、问题分析

Access 数据库中的表对象包括表结构和表内容两方面。本实验的主要目的是利用导入外部共享数据的方式迅速建立 "图书管理" 数据库中所需要的表对象。从数据库外部导入数据表后，需要对照相应表对象的预先设计的表结构去修改导入表的表结构。操作要点是掌握如何设置主键；掌握创建 "查阅向导" 类型字段及建立多值字段的方法。掌握如何向数据表中输入数据，特别是 OLE 对象、超链接、附件类型字段的数据输入方法。

三、操作步骤

1. 利用 Access 外部数据导入功能导入各数据表

【例 1.1】将 Excel 电子表格 "图书信息.xlsx" 中的数据导入 "图书管理" 数据库中。具体步骤如下。

（1）打开"图书管理"数据库，在 "外部数据"选项卡的"导入并链接"选项组中，单击"Excel"按钮，弹出"获取外部数据-Excel 电子表格"对话框。单击"浏览"按钮，在打开的"打开"对话框中，选择需导入的数据源文件"图书信息.xlsx"，单击"打开"按钮，返回到"获取外部数据-Excel 电子表格"对话框中，如图 1-1 所示。

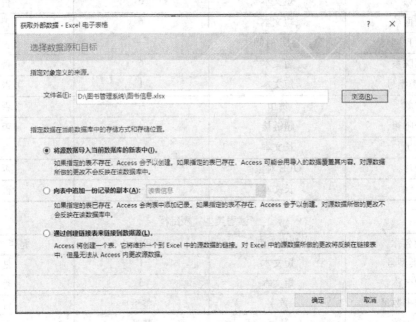

图 1-1　"获取外部数据-Excel 电子表格"对话框

（2）单击"确定"按钮，弹出"导入数据表向导"对话框 1，如图 1-2 所示。

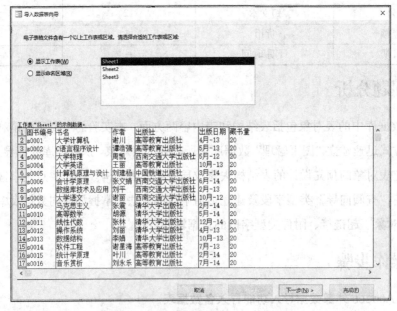

图 1-2　"导入数据表向导"对话框 1

（3）单击"下一步"按钮，弹出"导入数据表向导"对话框 2，确认勾选"第一行包含列标题"复选框，如图 1-3 所示。

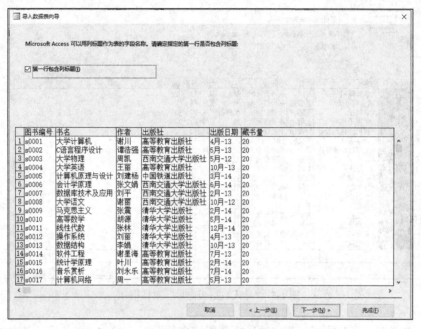

图 1-3　"导入数据表向导"对话框 2

（4）单击"下一步"按钮，弹出"导入数据表向导"对话框 3，如图 1-4 所示。

（5）单击"下一步"按钮，弹出"导入数据表向导"对话框 4，选中"我自己选择主键"单选按钮，设置"图书编号"字段为主键，如图 1-5 所示。

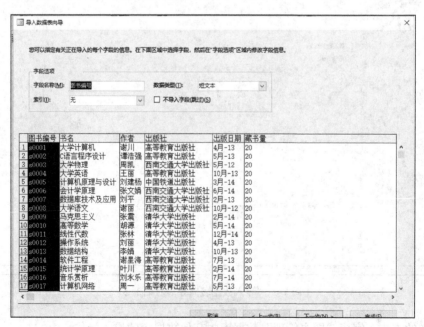

图 1-4　"导入数据表向导"对话框 3

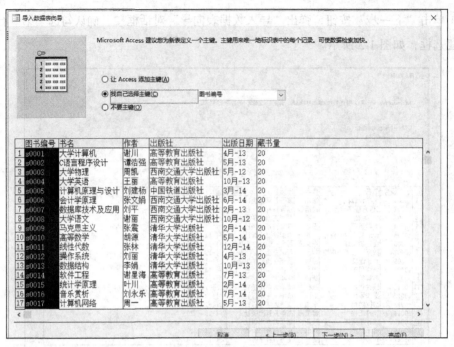

图 1-5　"导入数据表向导"对话框 4

（6）单击"下一步"按钮，弹出"导入数据表向导"对话框 5，输入导入表的名称"图书信息"，如图 1-6 所示。单击"完成"按钮，完成导入表操作。

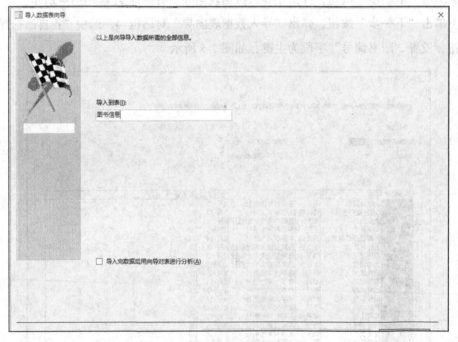

图 1-6　"导入数据表向导"对话框 5

用同样的方法，完成"图书管理"数据库中其他数据表的导入操作。

2. 打开各表的表设计视图，修改表结构

【例 1.2】修改"图书信息"表对象的表结构。具体步骤如下。

（1）在"图书管理"数据库对象导航窗格中，用鼠标右键单击"图书信息"表对象，在弹出的快捷菜单中选择"设计视图"命令，打开"图书信息"表设计视图，对照表 1-2"图书信息"表结构设计信息，检查并修改表结构设置。添加导入的数据表中缺少的"图书类型号"字段，如图 1-7 所示。

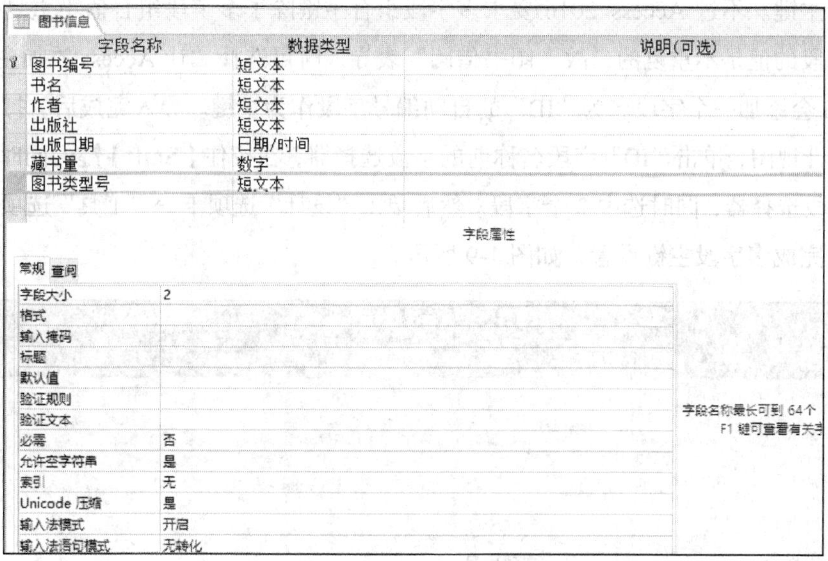

图 1-7 "图书信息"表设计视图

（2）单击快速访问工具栏上的"保存"按钮，在弹出的问询对话框上选择"是"选项完成表结构修改。

（3）单击表格工具"设计"选项卡的"视图"选项组中的"视图"按钮，打开"图书信息"表的数据表视图，参照表 1-1 图书类型表内容，输入每条记录"图书类型号"字段的值，如图 1-8 所示。

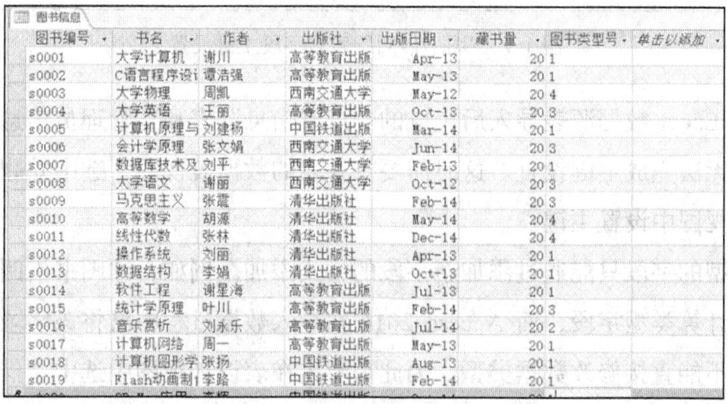

图书编号	书名	作者	出版社	出版日期	藏书量	图书类型号	单击以添加
s0001	大学计算机	谢川	高等教育出版	Apr-13	20	1	
s0002	C语言程序设i	谭浩强	高等教育出版	May-13	20	1	
s0003	大学物理	周凯	西南交通大学	May-12	20	4	
s0004	大学英语	王丽	高等教育出版	Oct-13	20	3	
s0005	计算机原理与	刘建杨	中国铁道出版	Mar-14	20	1	
s0006	会计学原理	张文娟	西南交通大学	Jun-14	20	3	
s0007	数据库技术及	刘平	西南交通大学	Feb-13	20	1	
s0008	大学语文	谢丽	西南交通大学	Oct-12	20	3	
s0009	马克思主义	张霞	清华出版社	Feb-14	20	3	
s0010	高等数学	胡源	清华出版社	May-14	20	4	
s0011	线性代数	张林	清华出版社	Dec-14	20	4	
s0012	操作系统	刘丽	清华出版社	Apr-13	20	1	
s0013	数据结构	李娟	清华出版社	Oct-13	20	1	
s0014	软件工程	谢星海	高等教育出版	Jul-13	20	1	
s0015	统计学原理	叶川	高等教育出版	Feb-14	20	3	
s0016	音乐赏析	刘永乐	高等教育出版	Jul-14	20	2	
s0017	计算机网络	周一	高等教育出版	May-13	20	1	
s0018	计算机图形学	张扬	中国铁道出版	Aug-13	20	1	
s0019	Flash动画制1	李路	中国铁道出版	Feb-14	20	1	

图 1-8 "图书信息"表数据表视图-添加"图书类型号"字段值

（4）单击快速访问工具栏上的"保存"按钮，完成表内容添加，然后关闭"图书信息"表。用同样的方法，修改"图书管理"数据库中其他表对象的表结构。

3. 创建"图书管理"数据库中各表对象过程中的说明

（1）在"导入数据向导"中只能设置单字段主键，不能设置多字段组合主键。而"图书借阅.xlsx"表中每个字段下都有重复值，无法设置单字段主键，故在导入数据创建图书借阅表的过程中，可选择"让 Access 添加主键"或"不要主键"选项，待导入完成后打开表设计视图时设置多字段主键。不过 Access 2016 要求多字段组合主键除了多字段组合值不重复外，其中至少有一个字段的值是不重复的，故"图书借阅"表导入时可选择"让 Access 添加主键"选项。Access 2016 会添加一个字段名为"ID"的自动编号字段作为主键。导入完成后，打开"图书借阅"表的设计视图，单击"ID"字段名称前的字段选择器，在按住【Shift】键的同时，单击"图书编号"字段选择器，同时选中 3 个字段。然后单击"设计"选项卡→"工具"选项组中的"主键"按钮，完成多字段主键设置，如图 1-9 所示。

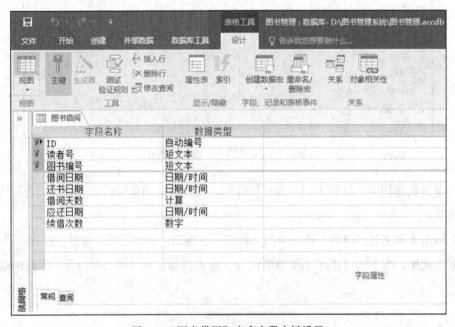

图 1-9 "图书借阅"表多字段主键设置

（2）如果从 Excel 数据源表导入后生成的"读者信息"表和"管理员信息"表中有空记录存在，则会导致无法完成主键设置。这时需要打开表的数据表视图，选中并删除空记录，保存后再回到表设计视图中设置主键。

（3）计算类型的字段只能通过添加新字段的方式添加。例如，"图书借阅"表的"借阅天数"字段设定为计算类型字段，而 Access 2016 在导入数据过程中已将该字段默认赋予并保存为短文本类型，不能直接修改数据类型。因此需要先在表设计视图中选中"借阅天数"字段，在"设计"选项卡的"工具"选项组中单击"删除行"按钮删除该字段，再单击"插入行"按钮后，输入"借阅天数"字段名称，选择"计算"数据类型，在自动弹出的"表达式生成器"对话框中输入计算表达式：[还书日期] – [借阅日期]，如图 1-10 所示。

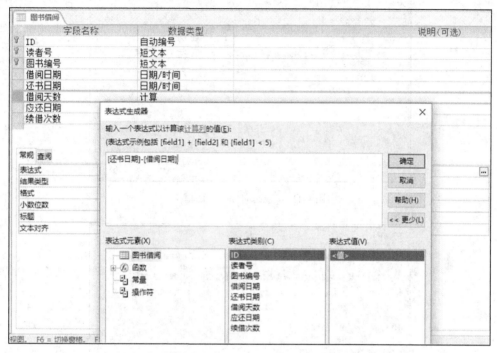

图 1-10　"借阅天数"计算表达式设置

（4）单击"确定"按钮后可以在字段属性区的"表达式"输入框中查看输入的计算表达式；在"表达式"输入框的右侧单击 按钮也可以弹出"表达式生成器"对话框。单击快速访问工具栏上的"保存"按钮保存表。

（5）"图书类型.xlsx"和"读者罚款信息.xlsx"中只有标题行，没有数据，故只能导入表结构。"图书类型"表的内容，可参照表 1-1 在数据表视图中手动输入。记录输入完成后保存表，然后关闭表。

4. 将短文本类型字段的数据类型修改为查阅向导

【例 1.3】将"读者信息"表的"政治面貌"字段的数据类型修改为"查阅向导"。具体步骤如下。

（1）在"图书管理"数据库中打开"读者信息"表的设计视图，在"政治面貌"字段的数据类型选择列表中选择"查阅向导"，弹出"查阅向导"对话框 1，选择"自行键入所需的值"选项，如图 1-11 所示。

（2）单击"下一步"按钮进入"查阅向导"对话框 2，在对话框中的表格"第 1 列"中依次输入"政治面貌"字段取值范围内的所有值，如图 1-12 所示。

（3）单击"下一步"进入"查阅向导"对话框 3，勾选"限于列表"，单击"完成"按钮，如图 1-13 所示。

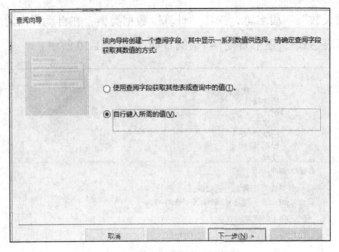

图 1-11 "查阅向导"对话框 1

图 1-12 "查阅向导"对话框 2

图 1-13 "查阅向导"对话框 3

（4）单击快速访问工具栏上的"保存"按钮，保存对表的修改。此后在"读者信息"表的数据表视图中输入或修改"政治面貌"字段值，可在值列表中来进行选择，如图 1-14 所示。

读者号	姓名	性别	民族	政治面貌	出生日期	所属院系	读
20113050503	完德开	女	汉族	预备党员	1996/12/19	藏学院	1
20113050503	罗绒吉村	男	汉族	团员	1996/11/26	藏学院	1
20113050503	杨秀才让	男	回族	团员	1995/9/10	藏学院	1
20133010300	高杨	女	回族	党员	1997/11/6	管理学院	1
20133010300	梁冰冰	女	回族	预备党员	1995/11/7	管理学院	1
20133010300	蒙铜	男	蒙古族	团员	1995/11/8	管理学院	1
20133010300	韦凤宇	女	回族	群众	1995/3/1	管理学院	1
20133010300	刘海艳	女	汉族	其他	1995/3/2	管理学院	1
20133010300	韦蕾蕾	男	汉族	群众	1995/3/3	管理学院	1
20133010300	梁淑芳	女	汉族	其他	1994/11/12	管理学院	1
20133040200	韩菁	女	蒙古族	团员	1996/1/30	文新学院	1
20133040200	顾珍玮	女	壮族	群众	1996/7/9	文新学院	1
20133040200	陈佳莹	女	汉族	团员	1994/12/3	文新学院	1
20133040200	韦莉	女	白族	团员	1995/2/5	文新学院	1
20133040200	陆婷婷	男	彝族	团员	1994/8/24	文新学院	1
20133040200	陈建芳	女	畲族	团员	1995/9/3	文新学院	1
20133040201	李莹月	男	回族	团员	1996/1/10	文新学院	1
20133040201	柏雪	女	汉族	团员	1995/5/26	文新学院	1
20133080501	陈盼	女	蒙古族	团员	1996/9/5	经济学院	1

图 1-14　"政治面貌"字段值列表

5. 添加照片和电子邮箱

【例 1.4】向"读者信息"表中刘海艳的记录中添加照片和电子邮箱信息。具体步骤如下。

（1）在"图书管理"数据库中打开"读者信息"表的数据表视图，用鼠标右键单击刘海艳记录的"照片"字段单元格，在弹出的快捷菜单中选择"插入对象"命令，弹出"对象选择"对话框，在对话框中选择"由文件创建"选项，单击"浏览"按钮弹出"浏览"对话框，进入"图书管理系统"文件夹，选中照片文件"刘海艳照片.jpg"，单击"确定"按钮返回"对象选择"对话框，如图 1-15 所示。

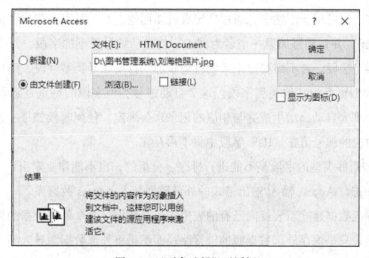

图 1-15　"对象选择"对话框

（2）再单击"确定"按钮完成刘海艳照片文件的嵌入。双击刘海艳记录的"照片"字段单元格可通过默认的图片浏览软件查看照片。

（3）用鼠标右键单击刘海艳记录的"电子邮件"字段单元格，在弹出的快捷菜单中选择"超链接"选项，在弹出的下一级菜单中单击"编辑超链接"按钮，弹出"插入超链接"对话框，选择"链接到：电子邮件地址"选项，在"要显示的文字："文本框中输入想要在数据表视图中显示的内容，如"刘海艳"；在"电子邮件地址："文本框中输入"liuhaiyan@163.com"，如图 1-16 所示。单击"确定"按钮。单击快速访问工具栏上的"保存"按钮保存表。

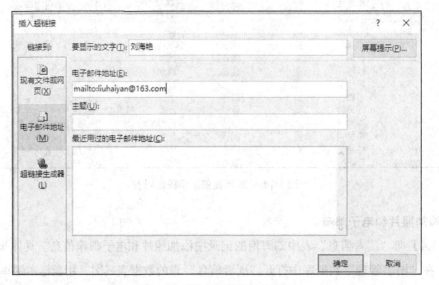

图 1-16　"插入超链接"对话框

四、知识拓展

表设计视图是创建和修改表结构最方便、最灵活的工具。数据表视图主要用于手动输入、编辑维护表内容，也可用于创建表。通过数据表视图创建表时，系统会弹出默认表名称为"表1"的数据表视图，并自动添加第一个名为"ID"的自动编号类型的字段。每个数据表只能有一个自动编号类型字段。若不需要这个系统自动添加的自动编号类型字段，则可以通过更改字段名称和数据类型更换为其他类型字段。这个自动编号类型字段的特点是随着表中记录的添加，编号值由小到大自动递增生成并与相应的记录永久绑定。任何时候如果一条记录被删除，则与该条记录对应的编号值在"ID"字段中将不再存在。

OLE 对象和附件类型的字段是不能进行排序、分组的，也不能建立索引。

可以将各种符合 Access 输入/输出格式的外部数据导入 Access 数据库。

用户可以导入数据建立新表或向已有的表追加记录数据。共享外部数据的另一种方式是创建链接表，链接表只是保存外部数据源的链接路径而不是将外部数据源导入到 Access 数据库。通过链接表，可以在 Access 数据库中查看外部数据源的数据但不能修改数据；当外部数据源的数据被修改后，链接表能够反映外部数据源中数据的变化。

五、课后练习

1. 新建一个名为"课后练习.accdb"的空数据库文件；将"图书管理.accdb"数据库中的"读者信息"表导入到"课后练习.accdb"中。

2. 在"课后练习.accdb"中，将"读者信息"表的"性别"字段类型更改为"查阅向导"类型，通过下拉列表可选择"男"或"女"。

3. 在"课后练习.accdb"中，在"读者信息"表的"读者号"字段前添加一个自动编号'ID'字段。尝试设置"读者号"为单字段主键；再尝试设置"姓名""性别""出生日期"组成的多字段主键；最后使用自动编号"ID"字段为主键，观察记录排序方式的变化。

4. 在"课后练习.accdb"中，将"读者信息"表的"简历"字段的数据类型由"长文本"更改为"附件"。

实验 2 数据表的编辑

一、实验任务

在文件夹中存放有"图书管理"数据库（文件名为图书管理.accdb，由实验 1 创建）。要求完成下列操作。

（1）表的复制和重命名。为"读者信息"表建立一个副本"读者信息备份"表；将"图书借阅"表名称更改为"图书借阅信息"。

（2）查找与替换。将"读者信息"表中"简历"字段里的"运动"全部替换为"体育运动"。

（3）隐藏字段列。将"读者信息"表中"民族"字段隐藏起来，然后再显示出来。

（4）冻结字段列。冻结"读者信息"表的"姓名"字段，然后再取消冻结列。

（5）移动字段列。将"读者信息"表中的"民族"列移动到"政治面貌"列后。

（6）行高与列宽。设定"读者信息"表行高为 18 磅；"姓名"字段列宽为 10 磅。

（7）数据表的字体。设定"读者信息"表字体为"楷体，加粗，深蓝色"。

（8）数据表格式。设置"单元格效果"为"平面"，"背景色"为标准色"褐色 2"，"替代背景色"为标准色"白色"，"网格线颜色"为"深灰 5"。

二、问题分析

备份数据表的方式既可以使用系统"文件"选项卡中的"对象另存为"命令，也可以在对象导航窗格中使用复制和粘贴命令。用复制和粘贴命令时需注意"粘贴表方式"对话框中各粘贴选项的作用并做出相应的选择。在查找操作中可以填写准确信息进行精确查找，也可以运用通配符进行模糊查找。本实验其他操作属于调整表外观、改变表的显现方式的操作。注意，调整表外观的相应操作完成后必须保存表才能将操作结果保存到数据表中。

三、操作步骤

【例 1.5】在"读者信息"表中完成实验任务要求的各项表编辑操作。具体步骤如下。

（1）打开"图书管理"数据库，在导航窗格的表对象组中用鼠标右键单击"读者信息"表对象，在快捷菜单中选择"复制"命令；再在导航窗格中任意空白处单击鼠标右键，在快捷菜单中选择"粘贴"命令，屏幕上会显示"粘贴表方式"对话框。将"表名称"文本框中的内容编辑修改为"读者信息备份"；"粘贴选项"选择"结构和数据"，如图 1-17 所示。单击"确定"按钮，导航窗格的表对象组中会增加"读者信息备份"表。

注意，在"粘贴表方式"对话框的"粘贴选项"中，如果选择"仅结构"，则仅备份"读者信息"表的表结构；如果选择"将数据追加到已有的表"，则需要在"表名称"文本框中输入一个已有的表名称，该表的结构必须与"读者信息"表的结构相同。

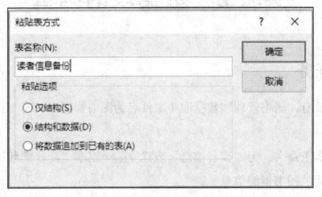

图 1-17 "粘贴表方式"对话框

在"图书管理"数据库导航窗格的表对象组中用鼠标右键单击"图书借阅"表对象，在弹出的快捷菜单中选择"重命名"选项，将"图书借阅"更改为"图书借阅信息"。单击快速访问工具栏上的"保存"按钮保存相关操作结果。

（2）打开"读者信息"表的数据表视图，单击"简历"字段选定器选择该字段。在"开始"选项卡"查找"选项组中单击"查找"按钮，弹出"查找和替换"对话框；单击"替换"选项卡，在"查找内容"文本框中输入"运动"，在"替换为"文本框中输入"体育运动"，将"查找范围"设置为"当前字段"，将"匹配"方式设置为"字段任何部分"，如图 1-18 所示。单击"全部替换"按钮，然后单击快速访问工具栏上的"保存"按钮保存表。

（3）在"读者信息"表的数据表视图中，用鼠标右键单击"民族"字段选定器，在弹出的快捷菜单中选择"隐藏字段"选项，"民族"字段列在"读者信息"数据表视图中将被隐藏。

用鼠标右键单击"读者信息"表的数据表视图中任一字段的选定器，在弹出的快捷菜单中选择"取消隐藏字段"选项，屏幕上会显示"取消隐藏列"对话框，如图 1-19 所示（未被选中的字段为隐藏的字段）。单击选中"民族"字段名前的复选框，"民族"字段列将在数据表视图中重新显现出来。单击"关闭"按钮关闭"取消隐藏列"对话框，单击快速访问工具栏上的"保存"按钮保存表。

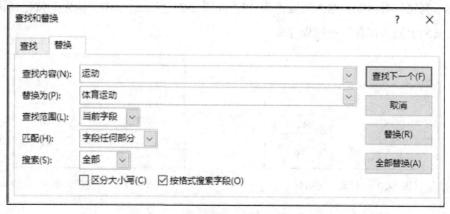

图 1-18　"查找和替换"对话框

图 1-19　字段的隐藏与显现

（4）在"读者信息"表的数据表视图中，用鼠标右键单击"姓名"字段选定器，在弹出的快捷菜单中选择"冻结字段"选项，"姓名"字段列在"读者信息"表的数据表视图中将被固定显示于数据表视图的最左侧而不受水平滚动条的影响。用鼠标右键单击"读者信息"表的数据表视图中任一字段的选定器，在弹出的快捷菜单中选择"取消冻结所有字段"选项，即可取消已被冻结字段列的冻结状态。

（5）在"读者信息"表的数据表视图中，单击"民族"字段选定器后，再次按住鼠标左键将其拖曳到"政治面貌"字段列的后方，松开鼠标左键即可。单击快速访问工具栏上的"保存"按钮保存表。

（6）在"读者信息"表的数据表视图中，用鼠标右键单击任一条记录左侧的记录选择器，在快捷菜单中选择"行高"选项，弹出"行高"对话框，输入行高值为18，如图1-20所示。单击"确定"按钮，用鼠标右键单击"姓名"字段选定器，在快捷菜单中选择"字段宽度"选项，弹出"列宽"对话框，输入列宽值为10，如图1-21所示。单击"确定"按钮，再单击快速访问工具栏上的"保存"按钮保存表。

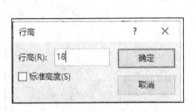
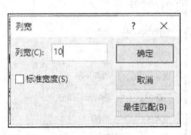

图1-20　"行高"对话框　　　　　　　图1-21　"列宽"对话框

（7）在"读者信息"表的数据表视图中，单击"开始"选项卡，在"文本格式"选项组中设置"读者信息"表字体为"楷体，加粗，深蓝色"。单击快速访问工具栏上的"保存"按钮保存表。

（8）在"读者信息"表的数据表视图中，单击"开始"选项卡，单击"文本格式"选项组右下角的按钮弹出"设置数据表格式"对话框，设置"单元格效果"为"平面"，设置"背景色"为标准色"褐色2"，设置"替代背景色"为标准色"白色"，设置"网格线颜色"为"深灰5"，如图1-22所示。单击"确定"按钮，再单击快速访问工具栏上的"保存"按钮保存表。

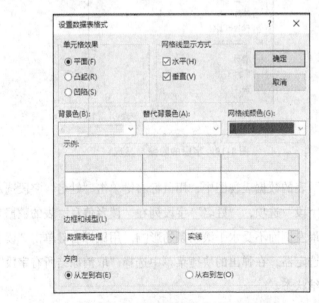

图1-22　"设置数据表格式"对话框

四、知识拓展

在"查找和替换"对话框的"查找内容"中可以使用通配符来代替不确定的字符（见表 1-10）。

表 1-10　　　　　　　　　　　通配符的用法

字符	用法	示例
*	与任意个数的字符匹配	w*t 可以找到 what、wait 、 wet 和 wrist
?	与任何单个的字符匹配	B?ll 可以找到 ball、bell 和 bill
[ ]	与方括号内任何单个字符匹配	B[ae]ll 可以找到 ball 和 bell 但找不到 bill
!	匹配任何不在括号之内的字符	b[!ae]ll 可以找到 bill 和 bull 但找不到 bell
-	与指定范围内的任何一个字符匹配。必须以升序来指定范围（A 到 Z，而不是 Z 到 A）	b[a-c]d 可以找到 bad、bbd 和 bcd
#	与任何单个数字字符匹配	1#3 可以找到 103、113、123

五、课后练习

打开"课后练习.accdb"数据库（由实验 1 创建），隐藏"读者信息"表中的"民族"和"政治面貌"字段；将"读者编号"字段列移动到"姓名"字段列右侧；设置"读者信息"表行高为 16 磅；设置"姓名"字段列宽为"最佳匹配"；设置"读者信息"表字体为黑体、12 磅、深蓝色；查找姓名为 3 个字且中间为"小"字的读者，并将"小"字替换为"晓"；设置数据表"网格线颜色"为褐紫红色，"列标题下画线"为点画线。

实验 3　数据表的排序和筛选

一、实验任务

在文件夹中存放有"图书管理"数据库（文件名为图书管理.accdb，由实验 2 创建）。要求对数据表进行排序和筛选，具体操作要求如下。

（1）在"读者信息"表中，按"性别"和"姓名"两个字段升序排序。

（2）在"读者信息"表中，先按"性别"升序排序，再按"出生日期"降序排序。

（3）使用筛选器从"读者信息"表中筛选出姓张的读者。

（4）按选定内容的方式从"读者信息"表中筛选出属于"管理学院"的读者记录。

（5）按窗体筛选的方式从"读者信息"表中筛选出性别为"男"，民族为"藏族"的读者记录。

（6）使用高级筛选的方式筛选出性别为"女"，出生日期为 1996 年以后（包括 1996 年）的读者记录。

二、问题分析

排序操作需要理解和掌握不同数据类型字段值的大小的比较方法。若多个字段以统一的排序方式（同时升序或降序）进行排序，则可以使用简单排序功能，且各字段列必须相邻，如果字段列不相邻，则要将它们调整到相邻位置。若对多字段以不同的排序方式进行排序，则必须使用高级排序功能，字段列不必相邻。需要注意的是，数据类型为长文本、超链接、OLE 对象和附件的字段不能进行排序。筛选是将符合筛选条件的记录显现出来，共有 4 种筛选方法。其中，高级筛选一般需要运用通配符、表达式等自定义筛选条件。注意排序和筛选的相关操作完成后必须保存表才能将操作结果保存到数据表中。

三、操作步骤

【例 1.6】根据实验任务要求，完成对"读者信息"表的排序和筛选。具体步骤如下。

（1）在"读者信息"表的数据表视图中，首先将"姓名"字段移动到"性别"字段右侧，先选中"性别"字段，再按住【Shift】键后，单击"姓名"字段选定器选择"性别"和"姓名"两列，在"开始"选项卡→"排序和筛选"选项组中，单击"升序"按钮，完成按"性别"和"年龄"两个字段升序排序，如图 1-23 所示。

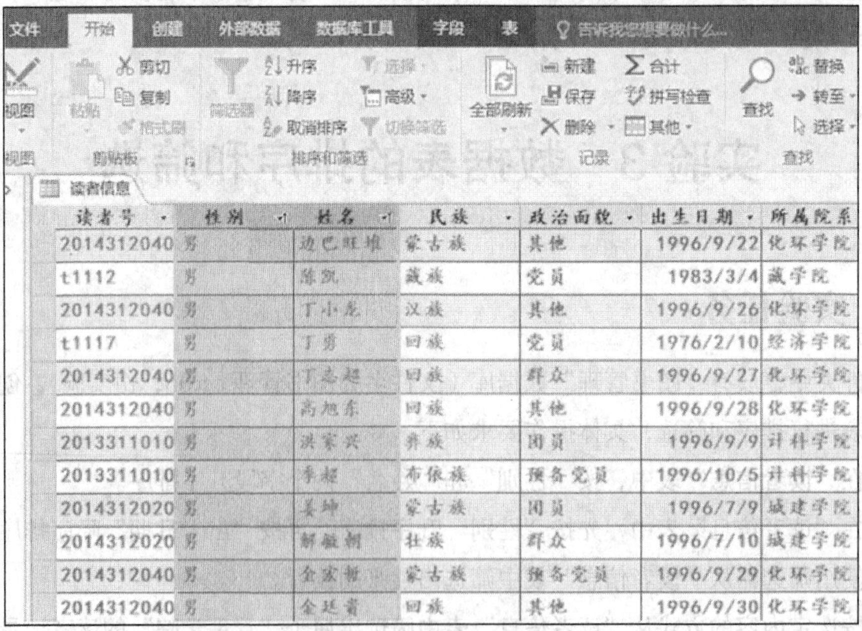

图 1-23　简单排序操作

（2）在"开始"选项卡的"排序和筛选"选项组中，单击"高级"按钮，在下拉列表中选择"高级筛选/排序"选项，弹出"读者信息筛选 1"窗口，在其设计网格中"字段"行第 1 列选择"性别"字段，第 2 列选择"出生日期"字段；"排序"行第 1 列选"升序"，第二列选"降序"，结果如图 1-24 所示。依次单击"开始"选项卡中"排序和筛选"选项组中的"切换筛选"按钮观察排序结果。

图 1-24　高级排序操作

（3）将光标定位于"姓名"字段列的任一单元格内，然后单击鼠标右键，在弹出的快捷菜单中选择"文本筛选器"选项，在弹出的下一级菜单中选择"开头是"选项，在弹出的"自定义筛选"对话框中输入"张"，如图 1-25 所示。单击"确定"按钮，得到筛选结果。

图 1-25　使用筛选器筛选

（4）单击"开始"选项卡中"排序和筛选"选项组中的"切换筛选"按钮，将"读者信息"表的数据表视图切换回未筛选状态。在"所属院系"字段值中选中"管理学院"字样，再单击"开始"选项卡中"排序和筛选"选项组中的"选择"按钮，在出现的下拉列表中选择"等于"管理学院""，如图 1-26 所示，即可获得筛选结果。

（5）单击"开始"选项卡中"排序和筛选"选项组中的"切换筛选"按钮，将"读者信息"表的数据表视图切换回未筛选状态。单击"开始"选项卡中"排序和筛选"选项组中的"高级"按钮，在弹出的下拉列表中选择"按窗体筛选"选项，在弹出的"读者信息：按窗体筛选"窗口中的"性别"和"民族"字段名下的单元格中分别通过下拉列表选择"男"和"藏族"；如图 1-27 所示。单击"切换筛选"按钮查看筛选结果。

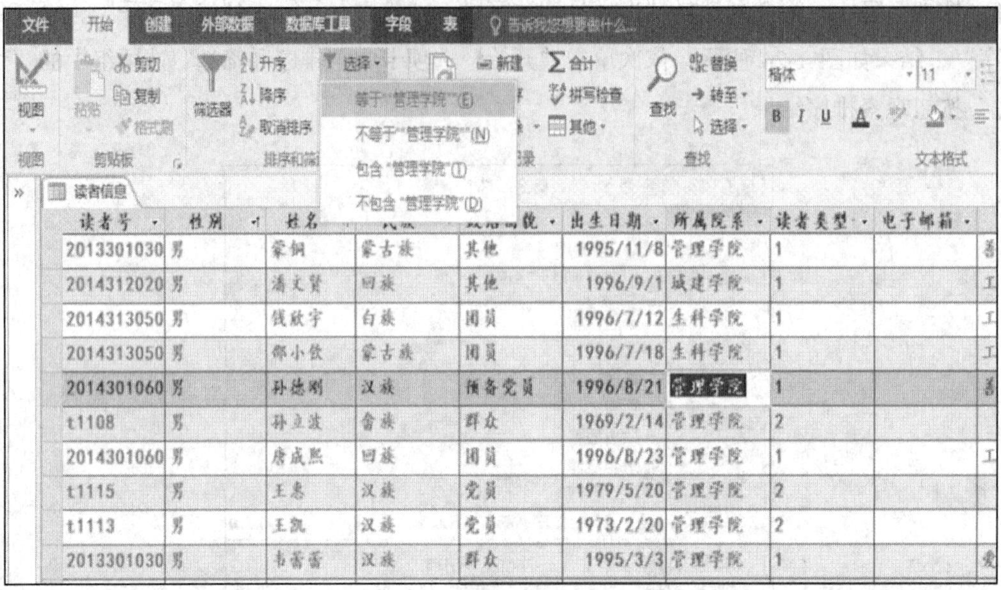

图 1-26　按选定内容筛选

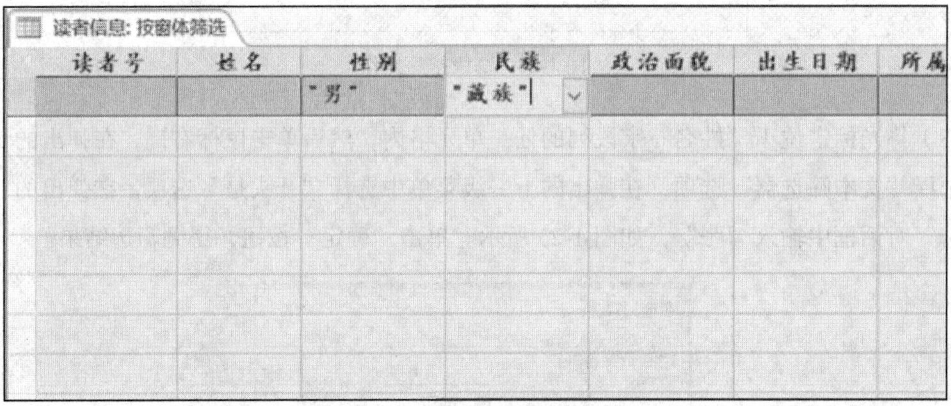

图 1-27　按窗体筛选

（6）单击"开始"选项卡中"排序和筛选"选项组中的"切换筛选"按钮，将"读者信息"表的数据表视图切换回未筛选状态。单击"开始"选项卡中"排序和筛选"选项组中的"高级"按钮，在弹出的下拉列表中选择"高级筛选/排序"选项，弹出"读者信息筛选 1"窗口，清除其设计网格内的其他设置，第一列字段名选择"性别"，条件单元格输入"女"；第二列字段名选择"出生日期"，条件单元格输入表达式"year([出生日期])>=1996"。注意，在表达式中除中文汉字以外的其他字符均在英文输入法状态下输入，如图 1-28 所示。单击"切换筛选"按钮查看筛选结果。

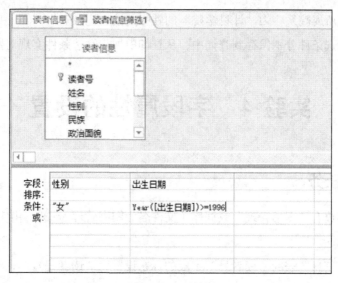

图 1-28　高级筛选

四、知识拓展

当筛选操作完成后保存数据表时，最近这一次设置的筛选条件将随同数据表保存到数据库中。以后再打开数据表时，依然可以通过单击"开始"选项卡中"排序和筛选"选项组中的"切换筛选"按钮用被保存的筛选条件实现数据表的筛选。若有多次的筛选条件需要重复利用，则可以将每次的筛选条件保存成不同的查询，然后在高级筛选中通过从查询中加载的方式加载需要的筛选条件来实现对数据表的筛选。

以本实验中的"读者信息"表为例，具体操作方式为：首先在高级筛选窗口"读者信息筛选 1"中设置筛选条件；在当前窗口为"读者信息筛选 1"时再次单击"开始"选项卡"排序和筛选"选项组中的"高级"按钮，在弹出的下拉菜单中选择"另存为查询"命令，弹出"另存为查询"对话框，输入一个查询名称，单击"确定"按钮即可将筛选条件保存到查询中。重复前述操作即可将若干次不同的筛选条件保存到若干个不同的查询中。需要应用筛选时，首先打开高级筛选窗口"读者信息筛选 1"，再次单击"开始"选项卡中"排序和筛选"选项组中的"高级"按钮，在弹出的下拉菜单中选择"从查询中加载"命令，从弹出的"适用的筛选"对话框中选择需要的查询名称，单击"确定"按钮即可将相应的筛选条件加载到高级筛选窗口中。

五、课后练习

打开"课后练习"数据库（由实验 2 的课后练习创建），对"读者信息"表完成如下筛选操作。

（1）筛选出"政治面貌"为"党员"的读者记录并按"所属院系"升序排序。

（2）筛选出"简历"中有摄影爱好的"读者类型号"为"1"的读者记录。

（3）筛选出"所属院系"为"计科学院"的姓张的读者记录。

将以上 3 种筛选条件分别保存到查询中，从查询中加载筛选条件实现对数据表的筛选。

实验 4　字段属性的设置

一、实验任务

在文件夹中存放有"图书管理"数据库（文件名为图书管理.accdb，由实验 3 创建）。要求完成如下操作。

（1）将"读者信息"表的"读者号"字段的标题设置为"读者编号"；将"性别"字段的默认值设为"男"，取值内容只能为"男"或"女"，如果输入其他字符则提示"性别只能是男或女"；索引设置为"有（有重复）"；将"出生日期"字段的"格式"设置为"短日期"；将"简历"字段的格式设置为 RTF 格式，从"读者信息"表中筛选出简历中有"摄影"爱好但没有"运动"爱好的记录，从筛选出的记录中将"简历"字段中的"摄影"二字的字体格式设置为：字体颜色为红色，字号为 12，添加下画线。

（2）将"图书借阅信息"表的"借阅日期"格式设置为"长日期"；默认值设为当前系统日期。

（3）限定"管理员信息"表的"编号"字段只能且必须输入 7 位数字；"密码"字段的输入掩码属性设置为"密码"。

（4）在"图书信息"表中建立组合索引，索引名称为"书名-作者组合索引"，包含两个字段："书名"（升序）和"作者"（降序）。

二、问题分析

本实验是实验 1 中表结构设计部分的延续。要求读者掌握各字段属性的设置方法。"读者信息"表的"性别"字段的取值内容由"性别"字段的验证规则属性限定，关键是正确书写表达式；长文本类型字段可设置为 RTF 格式，此时字段中的字符可以采用不同的文本格式；当前系统日期由"日期/时间"类的函数所构建的表达式取得。"管理员信息"表的"编号"字段需要运用掩码字符设置该字段的输入掩码属性。

三、操作步骤

【例 1.7】"读者信息"表中字段属性的设置。具体步骤如下。

（1）打开"图书管理"数据库，在导航窗格中的"表"组中（如果"表"组处于折叠状态，请先展开组），用鼠标右键单击"读者信息"表对象，在弹出的快捷菜单中选择"设计视图"

选项，选中"读者号"字段行，在"标题"属性框中输入"读者编号"，如图 1-29 所示。

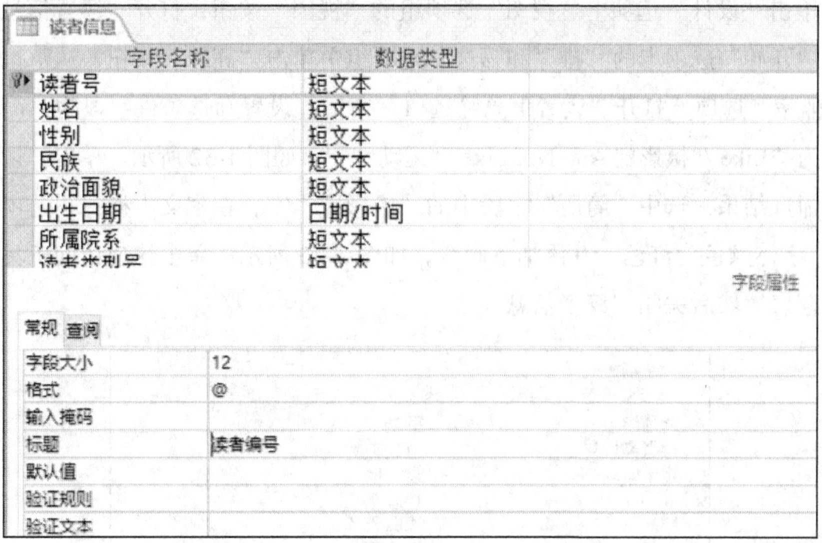

图 1-29　"读者号"字段显示标题设置

（2）选中"性别"字段行，在"默认值"属性框中输入"男"；在"验证规则"属性框中输入"男 or 女"；在"验证文本"属性框中输入"性别只能是男或女"；在"索引"属性框的下拉列表中选择"有（有重复）"，如图 1-30 所示。

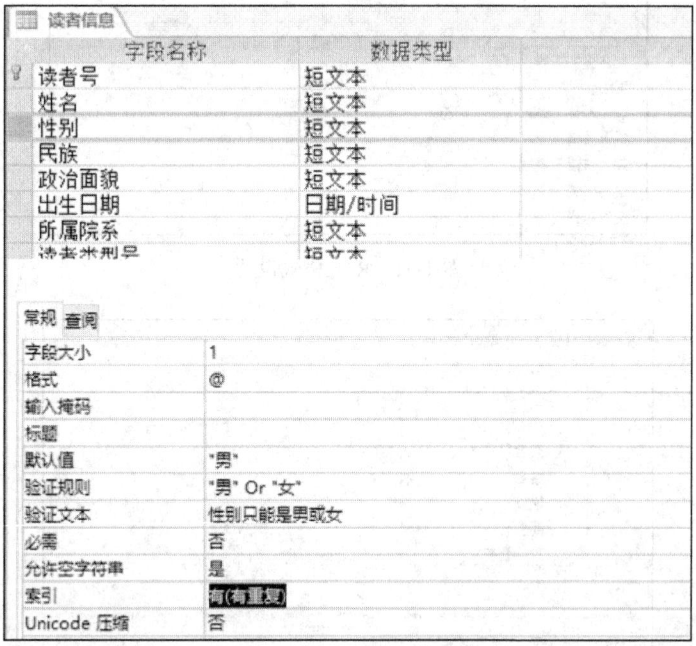

图 1-30　"性别"字段属性设置

选中"出生日期"字段行，在"格式"属性框下拉列表中选择"短日期"选项。单击快速访问工具栏上的"保存"按钮保存表。

（3）选中"简历"字段行，在"文本格式"属性框的下拉列表中选择"格式文本"，如图1-31所示。单击"设计"选项卡"视图"选项组的"视图"按钮，打开"读者信息"表的数据表视图，在"开始"选项卡的"排序和筛选"选项组中单击"高级"按钮，从下拉列表中选择"高级筛选/排序"选项，打开"读者信息筛选1"窗口，设置筛选条件字段为"简历"，筛选条件表达式为"Like "*摄影*" And Not Like "*运动*""，如图1-32所示。单击"切换筛选"按钮，显示出筛选结果，选中"简历"字段中的"摄影"二字，在"文本格式"选项组中设置字号为12号，字体颜色为红色，并添加下画线，如图1-33所示。单击快速访问工具栏上的"保存"按钮保存表，然后关闭"读者信息"表。

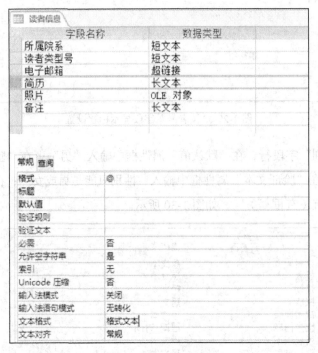

图1-31 RTF格式设置

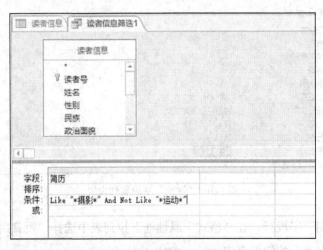

图1-32 读者信息记录筛选

图 1-33　长文本类型字段的格式文本设置

【例 1.8】"图书借阅信息"表中字段属性的设置。具体步骤如下。

打开"图书借阅信息"表的设计视图，选中"借阅日期"字段行，在"格式"属性框的下拉列表中选择"长日期"；在"默认值"属性框中输入表达式"date()"，如图 1-34 所示。单击快速访问工具栏上的"保存"按钮保存表，关闭"图书借阅信息"表。

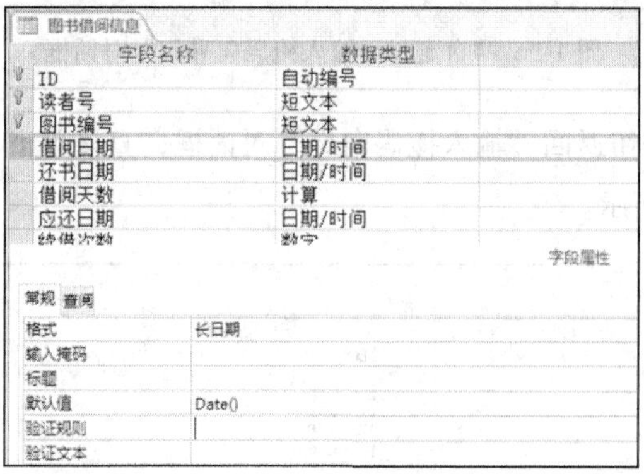

图 1-34　"借阅日期"字段属性设置

【例 1.9】"管理员信息"表中字段属性的设置。具体步骤如下。

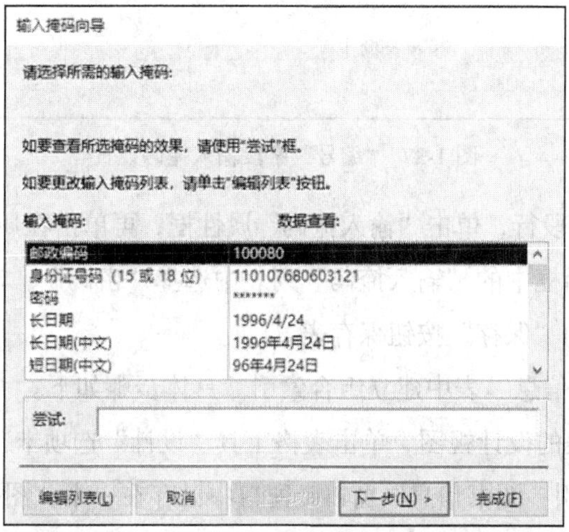

图 1-35　"输入掩码向导"对话框

（1）打开"管理员信息"表的设计视图，选中"编号"字段行，单击"输入掩码"属性框，再单击在属性框右侧出现的 ⋯ 按钮，弹出"输入掩码向导"对话框，如图 1-35 所示。

（2）单击"编辑列表"按钮，弹出"自定义'输入掩码向导'"对话框，将"说明："文本框中的"邮政编码"更改为"管理员编号"，将"输入掩码："文本框中的内容更改为"0000000"，将"示例数据："文本框中的内容更改为"0123456"，如图 1-36 所示。

图 1-36　"自定义'输入掩码向导'"对话框

（3）单击"关闭"按钮返回"输入掩码向导"对话框，直接单击"完成"按钮完成输入掩码属性设置，如图 1-37 所示。

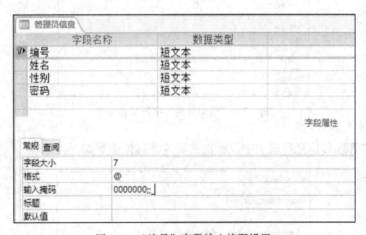

图 1-37　"编号"字段输入掩码设置

（4）选中"密码"字段行，单击"输入掩码"属性框，再单击在属性框右侧出现的 ⋯ 按钮，在"输入掩码向导"对话框中的"输入掩码"列表中选择"密码"，单击"完成"按钮即可。单击快速访问工具栏上的"保存"按钮保存表。

【例 1.10】在"图书信息"表中建立组合索引。具体步骤如下。

打开"图书信息"表的设计视图，单击表格工具"设计"选项卡"显示/隐藏"选项组中的"索引"按钮，弹出"索引：图书信息"窗口，窗口中已存在一个"图书编号"主索引。在索引名称下方输入第二个索引名称"书名-作者组合索引"，在字段名称下方的第二、三两个单元格中通过下拉列表分别选择"书名"和"作者"，"书名"的排序次序选择升序，"作者"的排序次序选择降序，如图 1-38 所示。关闭"索引：图书信息"窗口。单击快速访问工具栏上的"保存"按钮保存表，然后关闭"图书信息"表。

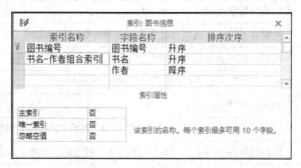

图 1-38　"索引：图书信息"窗口

四、知识拓展

（1）设置日期/时间类型字段的格式属性时，若预定义的格式中没有符合要求的格式，则可以自定义格式。可以通过自定义格式的各种占位符和分隔符的任意组合自定义需要的格式。例如，若要将日期显示为"2015 年 05 月 06 日"这样的形式，则需要在"格式"属性框中输入"yyyy\年 mm\月 dd\日"。自定义"日期/时间"格式的各种占位符和分隔符的说明如表 1-11 所示。

表 1-11　　　　　　　　　　　自定义"日期/时间"格式

符号	说明
：（冒号）	时间分隔符
/	日期分隔符
d	根据需要以一位或两位数值数字表示一个月中的第几天（1～31）
dd	以两位数值数字表示一个月中的第几天（01～31）
ddd	星期的前 3 个字母（Sun～Sat）
dddd	星期的全称（Sunday～Saturday）
w	一周中的第几天（1～7）
ww	一年中的第几周（1～53）
m	根据需要以一位或两位数值数字表示一年中的月份（1～12）
mm	以两位数值数字表示一年中的月份（01～12）
mmm	月份的前 3 个字母（Jan～Dec）
mmmm	月份的全称（January～December）
q	一年中的季度（1～4）
y	一年中的第几天（1～366）
yy	年份的最后两位数字（01～99）
yyyy	完整的年份（0100～9999）

符号	说明
h	根据需要以一位或两位数字表示小时（0～23）
hh	用两位数字表示小时（00～23）
n	根据需要以一位或两位数字表示分钟（0～59）
nn	用两位数字表示分钟（00～59）
s	根据需要用一位或两位数字表示秒（0～59）
ss	用两位数字表示秒（00～59）
AM/PM	使用相应的大写字母"AM"或"PM"的十二小时制。例如，9:34PM
am/pm	使用相应的小写字母"am"或"pm"的十二小时制。例如，9:34pm
A/P	使用相应的大写字母"A"或"P"的十二小时制。例如，9:34P
a/p	使用相应的小写字母"a"或"p"的十二小时制。例如，9:34p
AMPM	使用在 Windows 区域设置中定义的上午/下午指示器的十二小时制

（2）字段的输入掩码属性限定字段值输入时的内容和格式。输入掩码由输入掩码字符组合而成。输入掩码字符含义见表 1-12 所示。

表 1-12　　　　　　　　　　　输入掩码字符表

字符	说明
0	数字（0～9，必选项；不允许使用加号和减号）
9	数字或空格（可选项；不允许使用加号和减号）
#	数字或空格（可选项；空白将转换为空格，允许使用加号和减号）
L	字母（A～Z，必选项）
?	字母（A～Z，可选项）
A	字母或数字（必选项）
a	字母或数字（可选项）
&	任一字符或空格（必选项）
C	任一字符或空格（可选项）
. , : ; - /	十进制占位符和千位、日期和时间分隔符（实际使用的字符取决于 Microsoft Windows 控制面板中指定的区域设置）
<	使其后所有的字符转换为小写
>	使其后所有的字符转换为大写
!	使输入掩码从右到左显示，而不是从左到右显示。键入掩码中的字符始终都是从左到右填入。可以在输入掩码中的任何地方包括感叹号
\	使其后的字符显示为原义字符。可用于将该表中的任何字符显示为原义字符（例如，\A 显示为 A）
密码	将"输入掩码"属性设置为"密码"，以创建密码项文本框。文本框中键入的任何字符都按字面字符保存，但显示为星号（＊）

五、课后练习

1. 在文件夹中存放有"samp1"数据库（文件名为 samp1.accdb），其中已建立表对象"tEmp"。试按以下操作要求，完成对表"tEmp"的编辑操作。

（1）将"编号"字段改名为"工号"，并将其设置为主键；按所属部门修改工号，修改规则为：所属部门为"01"的"工号"首字符为"1"；所属部门为"02"的"工号"首字符为"2"；以此类推。

（2）设置"年龄"字段的验证规则为：不能是空值。

（3）设置"聘用时间"字段的默认值为系统当前月的第 1 天（提示：利用 DateSerial()函数构建表达式）。

（4）设置"聘用时间"字段的相关属性，使该字段按照"××××/××/××"格式输入，例如：2015/05/08。

（5）完成上述操作后，在"samp1"数据库文件中对"tEmp"表进行备份，并命名为"tEL"表。

2. 在文件夹中存放有"samp2"数据库（文件名为 samp2.accdb），其中已建立表对象"tEmployee"。试按以下操作要求，完成对"tEmployee"表的编辑操作。

（1）分析"tEmployee"表的结构，判断并设置主键。

（2）设置"年龄"字段的"验证规则"属性为：非空且非负。

（3）设置"聘用时间"字段的默认值为：系统当前月的最后一天。

（4）交换表结构中的"职务"与"聘用时间"两个字段的位置。

（5）删除 1995 年聘用的"职员"职工信息。

（6）在编辑完的"tEmployee"表中追加如下一条新记录：

编号	姓名	性别	年龄	聘用时间	所属部门	职务	简历
000031	王涛	男	35	2004-9-1	02	主管	熟悉系统维护

实验 5　建立表间关系

一、实验任务

在文件夹中存放有"图书管理"数据库（文件名为图书管理.accdb，由实验 4 创建）。创建"图书管理"数据库中表之间的关联关系，并实施参照完整性约束。要求级联更新和级联删除。

二、问题分析

建立数据库中表之间关系的关键是确定主键和外键，以及主表和相关表。可以通过分析数据库中各表对象的表结构和表内容，确定表之间关系的类型及匹配的键列。注意，在"编辑关系"对话框中设置的一对多关系中，一方为主表，多方为相关表。

三、操作步骤

【例 1.11】建立"图书管理"数据库中各表间关系。具体步骤如下。

（1）打开"图书管理"数据库，在"数据库工具"选项卡"关系"选项组中单击"关系"按钮，打开"关系"窗口，同时打开"显示表"对话框，如图 1-39 所示。

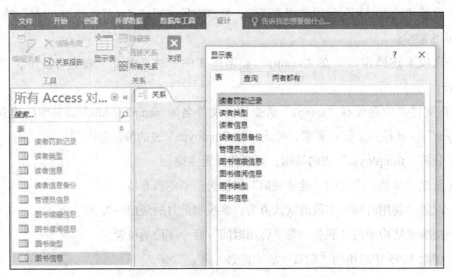

图 1-39 打开"关系"窗口和"显示表"对话框

（2）在"显示表"对话框中，分别双击各表对象，将其添加到"关系"窗口中。关闭"显示表"对话框。根据预先分析的表之间关系，适当调整"关系"窗口中各表的布局，如图 1-40 所示。需要说明的是，"读者信息备份"表不需要添加；"管理员信息"表与其他表没有关联关系，也不需要添加。

（3）选定"图书信息"表中的"图书编号"字段，然后按住鼠标左键将其拖曳到"图书借阅信息"表中的"图书编号"字段上，松开鼠标左键，会弹出图 1-41 所示的"编辑关系"对话框。

（4）选中"实施参照完整性"复选框。此时"级联更新相关字段"和"级联删除相关记录"复选框变为可选状态，选中这两个复选框，单击"创建"按钮，结果如图 1-42 所示。

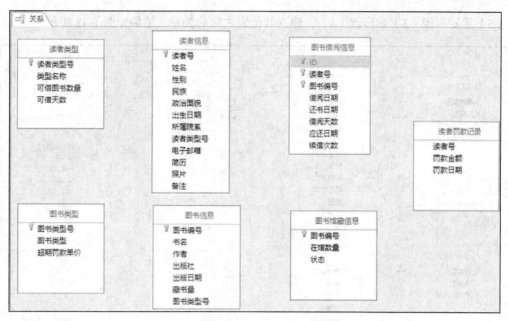

图 1-40 "关系" 窗口布局

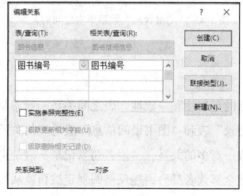

图 1-41 "编辑关系" 对话框

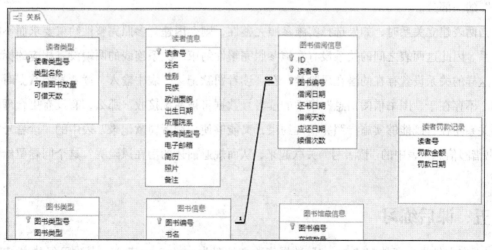

图 1-42 创建表之间关系

（5）重复步骤（3）和步骤（4），建立其他表之间的关系。结果如图 1-43 所示。

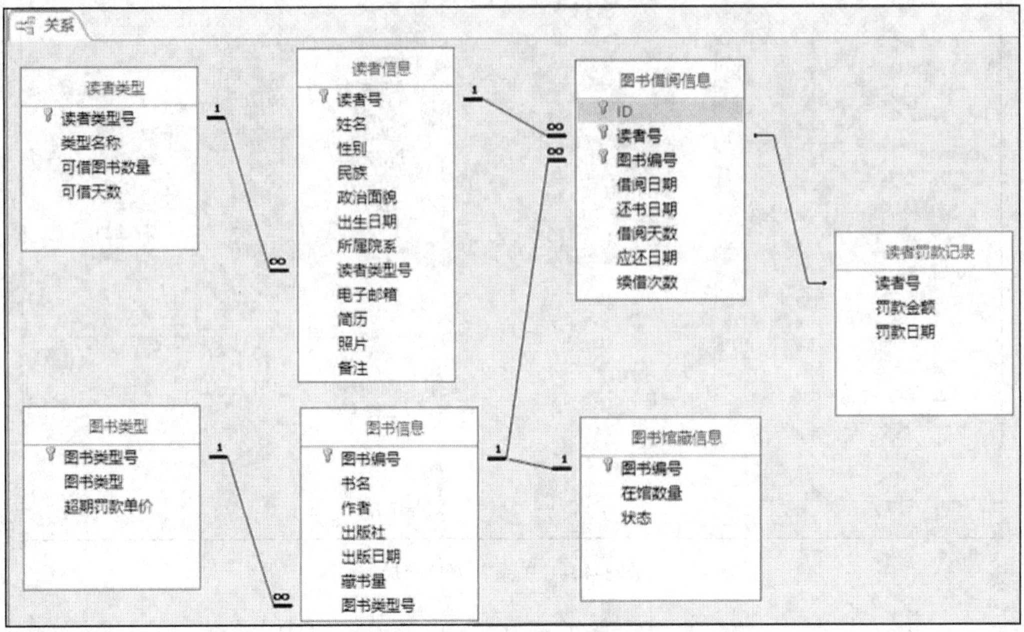

图 1-43　"图书管理"数据库表之间的关系

四、知识拓展

为了保证数据库中数据的正确性和一致性，表之间关系一般需要实施参照完整性约束。但是，本实验中"读者罚款记录"表和"图书借阅信息"表之间的关系是一个特例。理论上，这两个表通过"读者号"形成一对多的关系，"读者罚款记录"表是主表，"图书借阅信息"表是相关表。实际上，不可能全部读者都会因违反借阅规定被罚款从而在"读者罚款记录"表中形成记录数据。因而"读者罚款记录"表中的"读者号"将只能是"图书借阅信息"表中"读者号"的一部分。

当两表建立关系时，如果选择实施参照完整性，则会因违背参照完整性约束要求而不能建立关系。因此这两表之间的关系没有实施参照完整性约束。关系连线的两端没有相应的标示符号。这样的关系设置存在的潜在风险是，在"读者罚款记录"表中输入"读者号"数据时，错误的、不存在于"图书借阅信息"表中的读者号数据将被系统接收。那么，有没有更合理的表之间关系路径，既能够实施参照完整性约束，又能够使"读者罚款记录"表中的"读者号"与"图书借阅信息"表中的"读者号"关联起来，从而规避前述的潜在风险呢？这个问题留给读者思考。

五、课后练习

1. 在文件夹中存放有"samp3"数据库（文件名为 samp3.accdb），其中已经建立了 5 个表对象，分别是"tOrder""tDetail""tEmployee""tCustom"和"tBook"。试按以下操作要求，完成各种操作。

（1）分析"tOrder"表的字段构成，判断并设置其主键。

（2）设置"tDetail"表中"订单明细 ID"字段和"数量"字段的相应属性，使"订单明细 ID"字段在数据表视图中的显示标题为"订单明细编号"，将"数量"字段取值范围设置为非空且大于 0。

（3）删除"tBook"表中的"备注"字段；并将"类别"字段的"默认值"属性设置为"计算机"。

（4）设置"tEmployee"表中"性别"字段的相关属性，实现利用下拉列表选择"男"或者"女"。

（5）将"tCustom"表中"邮政编码"和"电话号码"两个字段的数据类型改为"短文本"，将"邮政编码"字段的"输入掩码"属性设置为"邮政编码"，将"电话号码"字段的输入掩码属性设置为 "010-××××××××"，其中，"×"为数字位，且只能是 0～9 之间的数字。

（6）建立 5 个表之间的关系。

2. 在文件夹中存放有"samp4"数据库（文件名为 samp4.accdb）和"tQuota" Excel 文件（文件名为 tQuota.xlsx）。在"samp4"数据库中已经建立了一个表对象"tStock"。试按以下操作要求，完成各种操作。

（1）分析"tStock"表的字段构成，判断并设置其主键。

（2）在"tStock"表的"规格"字段和"出厂价"字段之间增加一个新字段，字段名称为"单位"，数据类型为短文本，字段大小为 1；设置其验证规则，保证只能输入"只"或"箱"。

（3）删除"tStock"表中的"备注"字段，并为该表的"产品名称"字段创建查阅列表，查阅列表中显示"灯泡""节能灯"和"日光灯"3 个值。

（4）向"tStock"表中输入数据，要求如下：第一，"出厂价"只能输入 3 位整数和 2 位小数（整数部分可以不足 3 位）；第二，"单位"字段的默认值为"只"。设置相关属性以实现这些要求。

（5）将文件夹下的"tQuota.xlsx"文件导入"samp4"数据库，表名不变，分析该表的字段构成，判断并设置其主键；设置表的相关属性，保证输入的"最低储备"字段值低于"最高储备"字段值，当输入的数据违反验证规则时，提示"最低储备值必须低于最高储备值"。

（6）建立"tQuota"表与"tStock"表之间的关系。

第2章
查询的创建与使用

实验1　简单查询的创建

一、实验任务

（1）使用查询向导创建单表查询，查询"读者信息"表中读者的读者编号、姓名和性别等基本信息；使用查询向导创建多表查询，查询读者的读者编号、姓名、所属院系、所借图书的图书编号和借阅天数等信息。

（2）使用设计视图创建单表查询，查询"读者信息"表中读者的读者编号、姓名和性别等基本信息；使用设计视图创建多表查询，查询读者的读者编号、姓名、所属院系、所借图书的图书编号和借阅天数等信息。

（3）使用设计视图创建单表条件查询，查询借阅天数大于20天的读者的读者编号、图书编号和借阅天数信息；使用设计视图创建多表条件查询，查询读者编号为"201431202008"的读者的读者编号、姓名、图书编号、借阅天数等信息。

二、问题分析

利用"创建"选项卡中的"其他"选项组内的"查询向导"选项和"查询设计"选项、"设计"选项卡中的"结果"选项组内的"视图"选项和"运行"选项、"设计"选项卡中的"显示/隐藏"选项组内的"总计"选项来完成本实验。

三、操作步骤

1. 利用简单查询向导创建单表查询和多表查询

（1）使用查询向导创建单表查询

【例2.1】查询读者的读者编号、姓名和性别等基本信息。具体步骤如下。

① 打开"图书管理"数据库,并在数据库窗口中选择"创建"选项卡。单击 "查询向导"选项,弹出"新建查询"对话框,如图 2-1 所示。

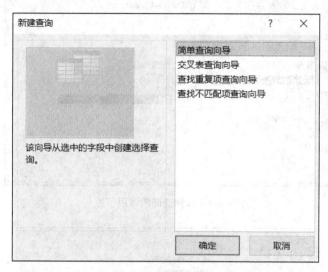

图 2-1 "新建查询"对话框

② 在"新建查询"对话框中选择"简单查询向导"选项,然后单击"确定"按钮,打开"简单查询向导"对话框,如图 2-2 所示。

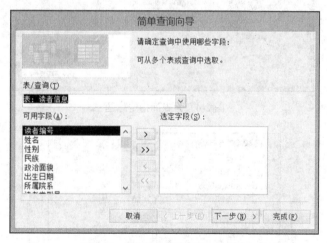

图 2-2 "简单查询向导"对话框

③ 在图 2-2 所示的对话框中,单击"表/查询"下拉列表框右侧的下拉按钮,选择"表:读者信息"选项,然后分别双击可用字段"读者编号""姓名"和"性别",或选定字段后,单击">"按钮,将它们添加到"选定字段"框中,如图 2-3 所示。

④ 在选择了所需字段后,单击"下一步"按钮,显示图 2-4 所示界面。在文本框内输入查询名称"读者信息查询 1",选中"打开查询查看信息"单选按钮,最后单击"完成"按钮。

⑤ 这时,系统开始建立查询,并将查询结果显示在屏幕上,如图 2-5 所示。

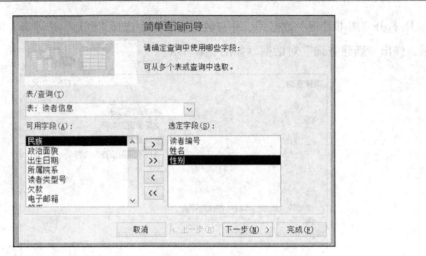

图 2-3　选择查询的可用字段

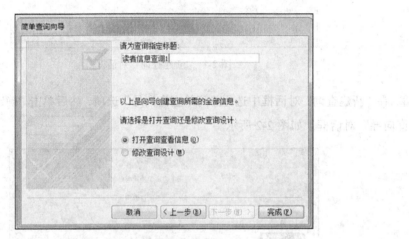

图 2-4　为查询指定标题

读者编号	姓名	性别
201130505034	完德开	女
201130505036	罗绒吉村	男
201130505037	杨秀才让	男
201330103003	高杨	女
201330103004	梁冰冰	女
201330103005	蒙铜	男
201330103006	韦凤宇	女
201330103007	刘海艳	女
201330103008	韦蕃蕃	男
201330103009	梁淑芳	女
201330402001	韩菁	女
201330402002	顾珍玮	女
201330402005	陈佳莹	女
201330402007	韦莉	女
201330402008	陆婷婷	男
201330402009	陈建芳	女
201330402010	李莹月	男
201330402019	柏雪	女

图 2-5　查询结果

（2）使用查询向导创建多表查询

【例2.2】查询读者的读者编号、姓名、所属院系、所借图书的图书编号和借阅天数等信息。具体步骤如下。

① 打开"图书管理"数据库，并在数据库窗口中选择"创建"选项卡。单击"查询向导"选项，弹出"新建查询"对话框，在"新建查询"对话框中选择"简单查询向导"选项，然后单击"确定"按钮，打开"简单查询向导"对话框，如图2-2所示。

② 在图2-2所示的界面中，单击"表/查询"右侧的下拉按钮，从中选择"读者信息"表，将"读者信息"表中的"读者编号""姓名""所属院系"字段添加到"选定字段"框中。

③ 重复步骤②，将"图书借阅信息"表中的"图书编号""借阅天数"字段添加到"选定字段"框中，单击"下一步"按钮。

④ 在弹出的对话框中，单击"明细"选项，然后单击"下一步"按钮。

⑤ 在"请为查询指定标题"文本框中输入"借阅信息查询1"，然后选中"打开查询查看信息"单选按钮，最后单击"完成"按钮。这时，系统开始建立查询，并将查询结果显示在屏幕上，如图2-6所示。

借阅信息查询1				
读者编号	姓名	所属院系	图书编号	借阅天数
201130505034	完德开	藏学院		
201130505036	罗绒吉村	藏学院		
201130505037	杨秀才让	藏学院		
201330103003	高杨	管理学院		
201330103004	梁冰冰	管理学院		
201330103005	蒙铜	管理学院		
201330103006	韦凤宇	管理学院		
201330103007	刘海艳	管理学院	s0003	23
201330103007	刘海艳	管理学院	s0005	22
201330103008	韦蕾蕾	管理学院		

图 2-6　查询结果

2．利用查询设计视图创建单表查询和多表查询

（1）使用设计视图创建单表查询

【例2.3】查询读者的读者编号、姓名和性别等基本信息。具体步骤如下。

① 打开"图书管理"数据库，在数据库窗口中选择"创建"选项卡，单击"查询"选项组中的"查询设计"按钮，弹出"显示表"对话框，如图2-7所示，同时出现查询设计视图窗口。

② 在"显示表"对话框中，选择"表"选项卡，然后双击"读者信息"表。这时"读者信息"表被添加到查询设计视图上半部分的窗口中。单击"关闭"按钮，关闭"显示表"对话框。

③ 双击表中的"读者编号""姓名""性别"字段，或者将相关字段直接拖曳到字段行上，如图2-8所示。

图 2-7　"显示表"对话框

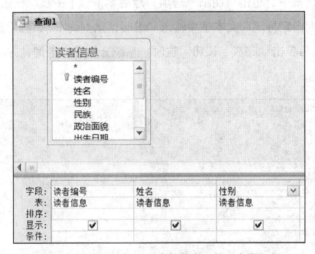

图 2-8　查询设计视图下半部分窗口的"字段"行

④ 单击快速访问工具栏上的"保存"按钮，弹出"另存为"对话框，在"查询名称"文本框中输入"读者信息查询 2"，然后单击"确定"按钮。

⑤ 单击查询工具"设计"选项卡中"结果"选项组内的"视图"按钮，选择"数据表视图"选项，或单击"运行"按钮，切换到数据表视图，这时可以看到"读者信息查询 2"的执行结果，与图 2-5 所示的查询结果一致。

（2）使用设计视图创建多表查询

【例 2.4】查询读者的读者编号、姓名、所属院系、所借图书的图书编号和借阅天数等信息。

分析：要查询的内容：读者编号、姓名、所属院系、图书编号、借阅天数这些字段来自"图书管理"数据库中的"读者信息"表和"图书借阅信息"表，因此，数据源涉及两张表。

具体步骤如下。

① 打开"图书管理"数据库，在数据库窗口中选择"创建"选项卡，单击 "查询"选项组中的"查询设计"按钮，弹出"显示表"对话框，如图 2-7 所示，同时出现查询设计视

图窗口。

② 由于该查询涉及了两个数据表，所以在"显示表"对话框中，选择"表"选项卡，先双击"读者信息"表，将"读者信息"表添加到查询设计视图上半部分的窗口中。再用同样的方法将"图书借阅信息"表添加到查询设计视图上半部分的窗口中。最后单击"关闭"按钮，关闭"显示表"对话框。

特别注意：由于该查询涉及了两个数据表，在将这两个数据表添加到查询设计视图上半部分的窗口之前，应该先建立这两个数据表间的关联关系。

③ 双击"读者信息"表中的"读者编号""姓名"和"所属院系"字段，也可以将这些字段直接拖曳到字段行。这时在查询设计视图下半部分窗口的"字段"行中显示了字段的名称"读者编号""姓名"和"所属院系"，"表"行显示了该字段对应的表名称"读者信息"。

④ 重复步骤③，将"图书借阅信息"表中的"图书编号"字段和"借阅天数"字段添加到查询设计视图下半部分窗口的"字段"行上。

⑤ 单击快速访问工具栏上的"保存"按钮，弹出"另存为"对话框。在"查询名称"文本框中输入"借阅信息查询 2"，然后单击"确定"按钮。

⑥ 单击查询工具"设计"选项卡中的"结果"选项组中的"视图"按钮，选择"数据表视图"选项，或单击"运行"按钮，切换到数据表视图，这时可以看到"借阅信息查询 2"的结果，与图 2-6 所示的查询结果一致。

3．使用查询设计视图创建条件查询

（1）单表条件查询

【例 2.5】查询借阅天数大于 20 天的读者的读者编号、图书编号和借阅天数等信息。具体步骤如下。

① 打开"图书管理"数据库，在数据库窗口中选择"创建"选项卡，单击 "查询"选项组中的"查询设计"按钮，弹出"显示表"对话框，同时弹出查询设计视图窗口。在"显示表"对话框中，选择"表"选项卡，然后双击"图书借阅信息"表，这时"图书借阅信息"表被添加到查询设计视图上半部分的窗口中。

② 将"图书借阅信息"表中的"读者编号""图书编号"和"借阅天数"字段添加到查询设计视图下半部分窗口的"字段"行上，在"借阅天数"字段列的"条件"行单元格中，输入条件表达式"> = 20"，如图 2-9 所示。

③ 单击快速访问工具栏上的"保存"按钮，弹出"另存为"对话框。在"查询名称"文本框中输入"借阅天数条件查询"，单击"确定"按钮。

④ 单击查询工具"设计"选项卡中的"结果"选项组中的"视图"按钮，选择"数据表视图"选项，或单击"运行"按钮，切换到"数据表视图"。这时可以看到"借阅天数条件查询"的结果，如图 2-10 所示。

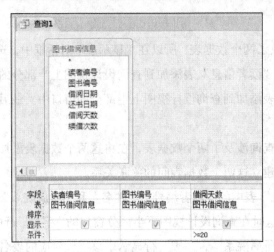

图 2-9　在“条件”行单元格中输入条件表达式

借阅天数条件查询

读者编号	图书编号	借阅天数
201330103007	s0001	31
201431202008	s0001	31
201430106031	s0006	29
t1110	s0015	38
201331101003	s0016	67

图 2-10　单表条件查询结果

（2）多表条件查询

【例 2.6】查询读者编号为“201431202008”的读者的读者编号、姓名、图书编号、借阅天数等信息。

分析：要查询的读者编号、姓名、图书编号、借阅天数这些字段来自“图书管理”数据库中的“读者信息”表和“图书借阅信息”表，因此，数据源涉及两张表。

具体步骤如下。

① 打开“图书管理”数据库，在数据库窗口中选择“创建”选项卡，单击“查询”选项组中的“查询设计”按钮，弹出“显示表”对话框，同时弹出查询设计视图窗口。在“显示表”对话框中，选择“表”选项卡，然后双击“读者信息”和“图书借阅信息”表，这时“读者信息”和“图书借阅信息”表被添加到查询设计视图上半部分的窗口中。

② 将“读者信息”表中的“读者编号”“姓名”字段添加到查询设计视图的下半部分窗口的“字段”行。在“读者编号”字段列的“条件”行单元格中，输入条件表达式：=“201431202008”。同理，将“图书借阅信息”表中的“图书编号”“借阅天数”字段添加到查询设计视图下半部分窗口的“字段”行，如图 2-11 所示。

③ 单击快速访问工具栏上的“保存”按钮，弹出“另存为”对话框。在“查询名称”文本框中输入“多表条件查询”，然后单击“确定”按钮。

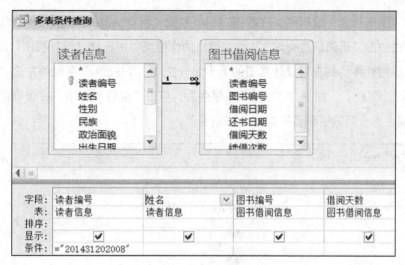

图 2-11　多表条件查询

④ 单击查询工具"设计"选项卡"结果"选项组中的"视图"按钮，选择"数据表视图"选项，或单击"运行"按钮，切换到"数据表视图"。"多表条件查询"的结果如图 2-12 所示。

读者编号	姓名	图书编号	借阅天数
201431202008	解毓朝	s0001	31
201431202008	解毓朝	s0002	30
201431202008	解毓朝	s0003	31
201431202008	解毓朝	s0008	29

图 2-12　多表条件查询结果

4. 运行已创建好的查询

运行查询的方法有以下几种。

（1）在数据库窗口左侧"所有 Access 对象"导航窗格中，双击"查询"对象栏中要运行的查询。

（2）在数据库窗口左侧"所有 Access 对象"导航窗格中，右键单击"查询"对象栏中要运行的查询，在弹出的快捷菜单中选择"打开"选项。

（3）在查询设计视图中，单击查询工具"设计"选项卡中"结果"选项组中的"运行"按钮。

（4）在查询设计视图中，单击查询工具"设计"选项卡中"结果"选项组中的"视图"按钮，选择"数据表视图"选项。

5. 修改查询

（1）重命名查询字段

【例 2.7】将前面建立的"借阅信息查询 1"查询的查询结果中的"图书编号"一列的字段名称改为"编号"。具体步骤如下。

① 打开"图书管理"数据库，在数据库窗口左侧"所有 Access 对象"导航窗格中，右击"查询"对象栏中的"借阅信息查询1"，在弹出的快捷菜单中选择"设计视图"命令。

② 将鼠标指针移动到查询设计视图的下半部分窗口"图书编号"字段的左边，输入"编号"后再输入英文冒号（:），如图 2-13 所示，保存后，单击"运行"按钮，在查询结果中，可以看到"图书编号"一列的字段名称被改为"编号"。

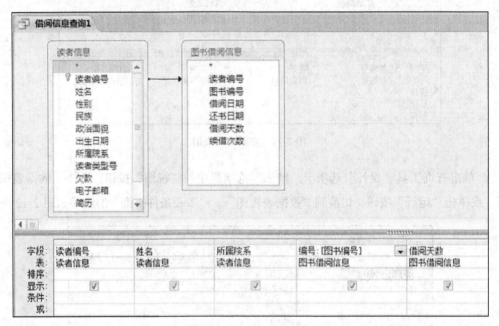

图 2-13 重命名查询字段

6. 排序查询的结果

若要对查询的结果进行排序，具体操作步骤如下。

（1）在查询设计视图中打开查询。

（2）在对多个字段进行排序时，首先在查询设计视图的下半部分窗口中安排要进行排序的字段顺序。Access 2016 首先按最左边的字段进行排序，当排序字段出现等值情况时，再对其右边的字段进行排序，以此类推。

（3）在要排序的每个字段的"排序"行单元格中，单击所需的选项即可。

四、知识拓展

一个表中可能包含多个字段数据，有时用户只需要一个表中的部分数据，有时用户则需要从多个关联表中找出需要的数据，这类查询称为选择查询，它是查询对象中最常用的一种查询。除了简单地从表中选择字段，查找出满足条件的记录外，选择查询还可以对记录进行总计、计数、求平均值等操作，也可以通过对表中的数据进行计算生成新的数据。

一般情况下，建立选择查询有两种方法：使用向导创建选择查询和在查询设计视图中创建选择查询。

五、课后练习

1. 创建一个查询（可用查询向导或查询设计视图实现），查询"图书管理"数据库中的"图书信息"表的图书编号、书名和作者等信息，所建查询命名为"图书信息查询"。

2. 创建一个查询，利用"学生管理"数据库中的表，查询所有选课学生的"学号""姓名""课程名称""分数"等信息，所建查询命名为"学生选课情况查询"。

3. 创建一个查询，查询"读者信息"表中少数民族男同学的所有信息，所建查询命名为"少数民族男同学信息查询"。

4. 创建一个查询，查询"读者信息"表中有"摄影"爱好的读者的所有信息，所建查询命名为"有摄影爱好读者信息查询"。

5. 创建一个查询，利用"学生管理"数据库中的表，查询没有选课的学生的"学号""姓名"和"课程编号"，所建查询命名为"没有选课的学生信息查询"。

实验 2　特殊查询的创建

一、实验任务

（1）利用查询设计视图创建统计查询，查询"读者信息"表中的读者人数。

（2）使用查询设计视图创建查询，在查询结果中添加计算字段。查询"读者信息"表中的"读者编号""姓名""性别""出生日期"和"年龄"字段等信息。

（3）创建一个交叉表查询，查询"读者信息"表中各院系各民族男女生人数。

（4）利用查询设计视图来创建参数查询，在运行查询时，按输入的性别值查询"读者信息"表中该性别的读者的读者编号、姓名、性别、所属院系等信息。

二、问题分析

利用查询设计视图来创建统计查询统计读者人数，利用查询设计视图添加计算字段，利用"交叉表查询向导"创建交叉表查询，利用查询设计视图来创建参数查询。

三、操作步骤

1. 利用查询设计视图创建统计查询

【例 2.8】查询"读者信息"表中的读者人数。

分析："读者信息"表中没有现成的读者人数字段，但可以利用表中现有的数据进行相关的计算得到。

具体步骤如下。

（1）打开"图书管理"数据库，在数据库窗口中选择"创建"选项卡，单击"查询"选项组中的"查询设计"按钮，弹出"显示表"对话框，同时出现查询设计视图窗口。

（2）将"读者信息"表中的"读者编号"字段添加到查询设计视图下半部分窗口的"字段"行。

（3）单击查询工具"设计"选项卡"显示/隐藏"选项组中的"汇总"按钮，查询设计视图下半部分窗口中出现"总计"行，并自动将"读者编号"字段的"总计"行单元格设计成"Group By"。单击"读者编号"字段的"总计"行单元格，这时它右边将显示一个下拉按钮，单击该按钮，从下拉列表框中选择"计数"函数，如图 2-14 所示。

图 2-14 在"总计"行单元格中选择"计数"函数

（4）单击快速访问工具栏上的"保存"按钮，弹出"另存为"对话框，在"查询名称"文本框中输入"统计"，然后单击"确定"按钮即可。

（5）单击查询工具"设计"选项卡中"结果"选项组中的"视图"按钮，选择"数据表视图"选项，或单击"运行"按钮，切换到"数据表视图"。读者人数统计结果如图 2-15 所示。

图 2-15 读者人数统计结果

2. 利用查询设计视图在查询结果中添加计算字段

【例 2.9】查询"读者信息"表中的"读者编号""姓名""性别""出生日期"和"年龄"字段等信息。

分析："读者信息"表中没有"年龄"字段，但"年龄"字段可以利用"读者信息"表中的“出生日期”字段计算得到，这就需要在建立查询时添加计算字段。

具体步骤如下。

（1）打开“图书管理”数据库，在数据库窗口中选择“创建”选项卡，单击“查询”选项组中的“查询设计”按钮，弹出“显示表”对话框，同时弹出查询设计视图窗口。

（2）将“读者信息”表中的“读者编号”“姓名”“性别”和“出生日期”字段添加到查询设计视图下半部分窗口的“字段”行上。

（3）在“字段”行的第一个空白列输入表达式：年龄: year(date()) – year([出生日期])，如图 2-16 所示。其中，“年龄”为标题，“:”为标题与公式的分隔符（注意，必须输入英文模式下的冒号），“Year(Date()) – Year([出生年月])”为计算公式。

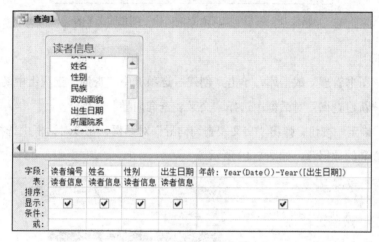

图 2-16　添加计算字段

（4）单击快速访问工具栏上的“保存”按钮，弹出“另存为”对话框，在“查询名称”文本框中输入“年龄查询”，然后单击“确定”按钮。运行后查询结果如图 2-17 所示。

年龄查询

读者编号	姓名	性别	出生日期	年龄
201130505034	完德开	女	1996/12/19	24
201130505036	罗绒吉村	男	1996/11/26	24
201130505037	杨秀才让	男	1995/9/10	25
201330103003	高杨	女	1997/11/6	23
201330103004	梁冰冰	女	1995/11/7	25
201330103005	蒙铜	男	1995/11/8	25
201330103006	韦凤宇	女	1995/3/1	25
201330103007	刘海艳	女	1995/3/2	25
201330103008	韦蕾蕾	男	1995/3/3	25
201330103009	梁淑芳	女	1994/11/12	26
201330402001	韩菁	女	1996/1/30	24
201330402002	顾珍玮	女	1996/7/9	24
201330402005	陈佳莹	女	1994/12/3	26
201330402007	韦莉	女	1995/2/5	25
201330402008	陆婷婷	男	1994/8/24	26
201330402009	陈建芳	女	1995/9/3	25
201330402010	李莹月	男	1996/1/10	24
201330402019	柏雪	女	1995/5/26	25
201330805019	陈盼	女	1996/9/5	24
201331101003	伍娟	女	1996/10/2	24
201331101010	刘天锐	男	1996/10/3	24
201331101015	邬连梅	女	1996/10/4	24
201331101022	文致远	男	1996/9/8	24
201331101023	洪家兴	男	1996/9/9	24

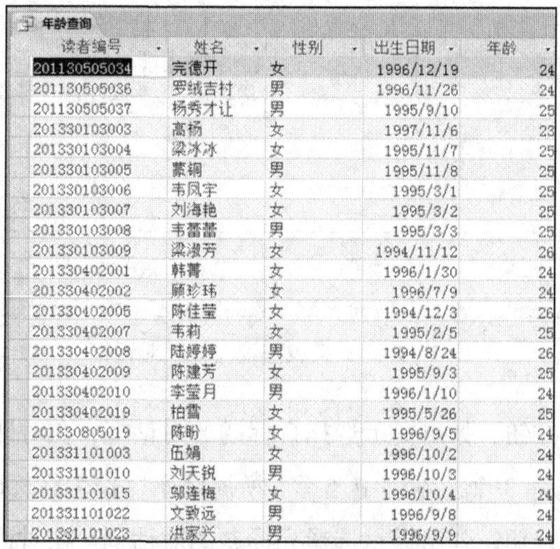

图 2-17　添加计算字段查询结果

3. 利用"交叉表查询向导"创建交叉表查询

【例 2.10】创建一个图 2-18 所示的交叉表查询，查询"读者信息"表中各院系各民族男女生人数。

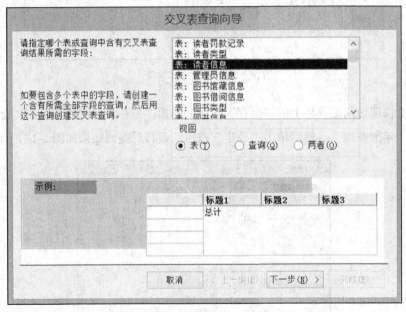

所属院系	总计 民族	男	女
藏学院	4	3	1
城建学院	17	8	9
管理学院	19	7	12
化环学院	11	8	3
计算机学院	2		2
经济学院	18	1	17
生科学院	7	3	4
文新学院	11	4	7

图 2-18　利用"交叉表查询向导"创建的交叉表

具体步骤如下。

（1）打开"图书管理"数据库，单击"创建"选项卡中"查询"选项组中的"查询向导"按钮，在弹出"新建查询"对话框中选择"交叉表查询向导"选项。

（2）单击"确定"按钮，弹出"交叉表查询向导"对话框，在该对话框中选择"读者信息"表作为交叉表查询的数据源，如图 2-19 所示。

图 2-19　"交叉表查询向导"对话框

（3）单击"下一步"按钮，弹出提示选择行标题的对话框，在对话框中选择作为"行标题"字段，行标题最多可以选择 3 个。本例中选择"所属院系"作为行标题，如图 2-20 所示。

（4）单击"下一步"按钮，弹出提示选择列标题的对话框。在对话框中选择作为"列标题"字段，列标题最多可以选一个。本例中选择"性别"作为列标题，如图 2-21 所示。

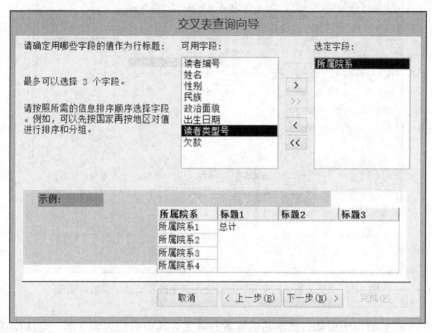

图 2-20 "交叉表查询向导"选择行标题对话框

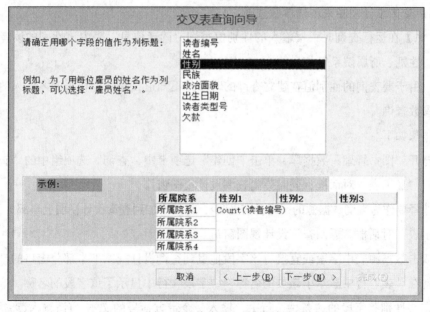

图 2-21 "交叉表查询向导"选择列标题对话框

（5）单击"下一步"按钮，弹出选择对话框，在此对话框中选择要在交叉点显示的字段，以及字段的显示函数，本例中选择"民族"字段，函数是计数，如图 2-22 所示。

（6）单击"下一步"按钮，在弹出的选择对话框中输入该查询的名称，单击"完成"按钮，即可完成交叉表查询的创建。

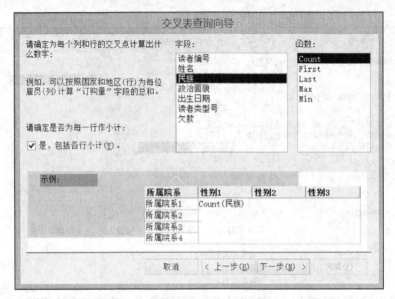

图 2-22 "交叉表查询向导"选择交叉点字段及其显示函数对话框

从图 2-18 所示的表中可知，藏学院的读者共 4 名，其中男性读者 3 名，女性读者 1 名；计算机学院的读者共 2 名，无男性读者，女性读者 2 名；同理，还可以看到其他院系的读者人数。

4. 利用查询设计视图来创建参数查询

【例 2.11】在运行查询时，按输入的性别值查询"读者信息"表中该性别的读者的读者编号、姓名、性别、所属院系等信息。

分析：由于要查询的性别值在建立查询的时候并不知道，是在运行查询才输入的，所以，需要建立参数查询。

具体步骤如下。

（1）打开"图书管理"数据库，单击"创建"选项卡中"查询"选项组中的"查询设计"按钮，弹出"显示表"对话框，同时弹出查询设计视图窗口。

（2）选择要作为查询数据源的"读者信息"表，将其添加到查询设计视图上半部分的窗口中，关闭"显示表"对话框，返回查询设计视图窗口。

（3）双击数据源表中字段或直接将该字段拖曳到查询设计视图下半部分窗口的"字段"行中，这样就在"表"行中显示了该表的名称，"字段"行中显示了该字段的名称。

（4）在"性别"字段的"条件"行中，输入一个带方括号的文本"[请输入读者性别：]"作为参数查询的提示信息，如图 2-23 所示。

（5）保存该查询。这时弹出一个"另存为"对话框，在该对话框中输入要保存的查询名称，如输入"根据性别查询"。单击查询工具"设计"选项卡中"结果"选项组中的"视图"按钮，选择"数据表视图"选项或者单击 "运行"按钮，弹出"输入参数值"对话框，如图 2-24 所示。

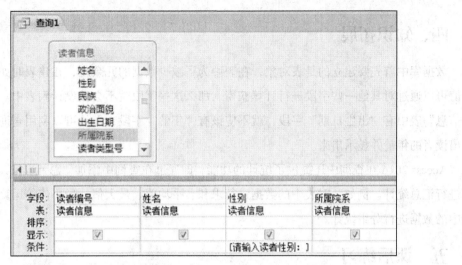

图 2-23 参数查询设计窗口

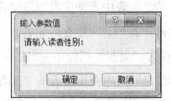

图 2-24 输入参数值对话框

（6）输入要查询的读者的性别，例如，输入"男"并单击"确定"按钮，得到的查询结果如图 2-25 所示。

读者编号	姓名	性别	所属院系
201330402008	陆婷婷	男	文新学院
201330402010	李莹月	男	文新学院
201130505036	罗绒吉村	男	藏学院
201130505037	杨秀才让	男	藏学院
201330103005	蒙铜	男	管理学院
201330103008	韦蕾蕾	男	管理学院
201431202007	姜坤	男	城建学院
201431202008	解毓朝	男	城建学院
201431202009	李冰	男	城建学院
201431305030	钱欣宇	男	生科学院
201431202013	李宗培	男	城建学院
201431305031	邵小钦	男	生科学院
201430106028	孙德刚	男	管理学院
201430106030	唐成熙	男	管理学院
201431202017	刘斯诺	男	城建学院
201431202021	潘文贤	男	城建学院
201431303082	赵峰	男	生科学院

图 2-25 根据性别查询的结果

（7）每一次运行 "根据性别查询"这个参数查询时，都会出现要求输入性别的对话框，输入要查询的性别，即可得到相应的查询结果。

四、知识拓展

数据库中首先要建立的是表对象，在表中为了减少数据的冗余度，在建表时如果有些字段的值可以通过对其他一些字段进行计算获得，那么这些字段就不会被设计到表中。例如，"读者信息"表中有"出生日期"字段，就不应该有"年龄"字段，但是可以利用查询设计视图计算出读者的年龄并显示出来。

Access 2016 在查询中还提供了统计的功能，即通过在查询中添加"总计"行，对表中的数据进行汇总统计。例如，对表中的数据进行求和、平均值、最大值、最小值等运算，还可以对表中的数据进行分组统计。

五、课后练习

1. 创建一个查询，在"读者信息"表中查询读者的"读者编号""姓名""性别"和"年龄"4 个字段，并以"年龄"字段降序排列，所建查询命名为"学生年龄信息查询"（其中"年龄"字段为新增加的字段，表达式为：当前系统的年 – 出生年）。

2. 创建一个查询，在"读者信息"表中查询读者的"读者编号姓名""性别"和"出生日期"3 个字段内容，所建查询命名为"读者姓名合二为一查询"（其中：读者编号姓名字段为新增加的字段，显示的内容为读者编号和姓名的内容）。

3. 利用"学生管理"数据库中的表，创建一个查询，查询每名学生的"姓名""平均成绩"，并按平均成绩降序显示，所建查询命为"学生平均成绩查询"。

"平均成绩"数据由统计计算得到。

4. 创建一个查询，根据每次运行查询时输入的所属院系在"读者信息"表中查询该院系读者的"读者编号""姓名""性别"和"所属院系"等字段内容，所建查询命名为"按所属院系查询"。

将"所属院系"字段作为参数，设置提示文本为"请输入所属院系："。

5. 创建一个查询，根据每次运行查询时输入的"读者姓名"，在"读者信息"表中查询该读者的"读者编号""姓名""性别"和"所属院系"等字段内容，所建查询命名为"按读者姓名查询"。

6. 创建一个查询，根据每次运行查询时输入的"读者编号"在"读者信息"表中查询该读者的"读者编号""姓名""性别"和"所属院系"等字段内容，所建查询命名为"按读者编号查询"。

7. 创建一个查询，查询"读者信息"表中各个民族的男女生人数，所建查询命名为"各民族男女生人数统计查询"。

实验 3　操作查询的创建

一、实验任务

（1）使用生成表查询，利用"读者信息"表生成一个名为"读者信息 2"的新表，新表中包括读者编号、姓名、性别和所属院系字段。

（2）使用删除查询，删除"读者信息 2"表中性别为"女"的读者记录。

（3）使用更新查询，将"读者信息 2"表中所属院系为"管理学院"的更新为"会计学院"。

（4）使用追加查询，将"读者信息"表中性别为"女"的读者记录追加到"读者信息 2"表中相应的字段上。

二、问题分析

利用查询设计视图创建生成表查询，利用删除查询删除"读者信息 2"表中性别为"女"的读者记录，利用更新查询更新"读者信息 2"表中管理学院的读者记录，利用追加查询将"读者信息"表中性别为"女"的读者记录追加到"读者信息 2"表中相应的字段上。

三、操作步骤

1. 创建生成表查询

【例 2.12】利用"读者信息"表生成一个名为"读者信息 2"的新表，新表中包括读者编号、姓名、性别和所属院系字段。具体步骤如下。

（1）打开"图书管理"库，单击"创建"选项卡"查询"选项组中的"查询设计"按钮，在弹出的"显示表"对话框中选择"读者信息"表，单击"添加"按钮将该表添加至查询设计视图窗口中。

（2）关闭"显示表"对话框，单击查询工具"设计"选项卡中"查询类型"选项组中的"生成表"按钮，弹出图 2-26 所示的"生成表"对话框，在"表名称"文本框中输入生成的新表的名称"读者信息 2"。

图 2-26　"生成表"对话框

（3）单击"确定"按钮，返回查询设计视图，在数据源表中选择字段，如图 2-27 所示。

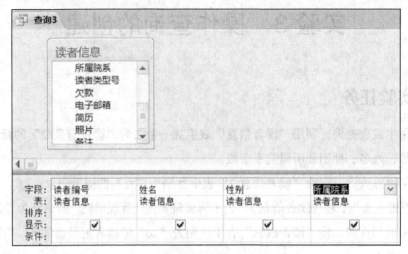

图 2-27　生成表查询设计窗口

（4）单击快速访问工具栏中的"保存"按钮保存查询，弹出"另存为"对话框，在对话框中输入查询名称"生成读者信息 2 查询"，如图 2-28 所示，单击"确定"按钮。

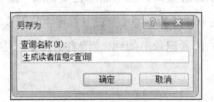

图 2-28　"另存为"对话框

（5）单击查询工具"设计"选项卡中"结果"选项组中的"视图"按钮，选择"数据表视图"选项，预览要生成的数据表，单击"运行"按钮，运行该生成表查询。

（6）打开"读者信息 2"表，如图 2-29 所示。

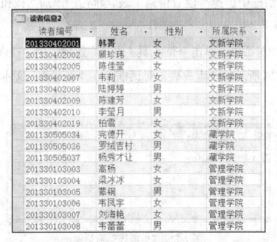

图 2-29　"读者信息 2"表

2．创建删除查询

【例 2.13】创建一个删除查询，删除"读者信息 2"表中性别为"女"的读者记录。具体步骤如下。

（1）打开"图书管理"数据库，在数据库窗口中选择"创建"选项卡，单击"查询"选项组中的"查询设计"按钮，在弹出的"显示表"对话框中选择"表"选项卡，然后双击"读者信息 2"表，将该表添加到查询设计视图上半部分的窗口中。然后单击"关闭"按钮，关闭"显示表"对话框。

（2）单击查询工具"设计"选项卡"查询类型"选项组中的"删除"按钮，这时在查询设计视图下半部分的窗口中显示了一个"删除"行。

（3）把"读者信息 2"的字段列表中的"*"号拖曳到查询设计视图下半部分窗口的"字段"行单元格中，系统将其"删除"单元格设置为"From"，表明要对哪一个表进行删除操作。

（4）将要设置"条件"的"性别"字段拖曳到查询设计视图下半部分的窗口的"字段"行单元格中，系统将其"删除"单元格设置为"Where"，在"性别"的"条件"行单元格中输入表达式"女"，查询设计如图 2-30 所示。

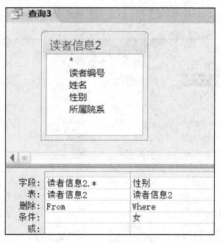

图 2-30　删除查询设计视图

（5）单击快速访问工具栏中的"保存"按钮保存查询，弹出"另存为"对话框，在对话框中输入查询名称"删除女性记录查询"，如图 2-31 所示，单击"确定"按钮。

图 2-31　"另存为"对话框

（6）单击查询工具"设计"选项卡中"结果"选项组中的"视图"按钮，选择"数据表视图"选项，预览"删除查询"检索到的一组记录。如果预览到的一组记录不是要删除的记录，则可以再次查询工具"设计"选项卡中"结果"选项组中的"视图"按钮，选择"设计视图"选项，返回查询设计视图，对查询进行所需的更改，直到满足要求为止。

（7）单击查询工具"设计"选项卡中"结果"选项组中的"运行"按钮，弹出图 2-32 所示的删除查询提示对话框。

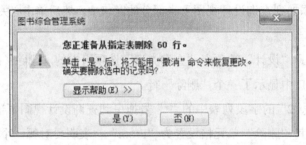

图 2-32　删除查询提示对话框

（8）单击"是"按钮，系统开始删除属于同一组的所有记录。当单击"表"对象，然后再双击"读者信息 2"表时，可以看到所有性别为"女"的读者记录已经被删除，结果如图 2-33 所示。

读者编号	姓名	性别	所属院系
201330402008	陆婷婷	男	文新学院
201330402010	李莹月	男	文新学院
201130505036	罗绒吉村	男	藏学院
201130505037	杨秀才让	男	藏学院
201330103005	蔡铜	男	管理学院
201330103008	韦蕾蕾	男	管理学院
201431202007	姜坤	男	城建学院
201431202008	解骁朝	男	城建学院
201431202009	李冰	男	城建学院
201431305030	钱欣宇	男	生科学院
201431202013	李宗培	男	城建学院
201431305031	邵小钦	男	生科学院
201430106028	孙德刚	男	管理学院
201430106030	唐成熙	男	管理学院
201431202017	刘斯诺	男	城建学院
201431202021	潘文贤	男	城建学院
201431303082	赵峰	男	生科学院

图 2-33　删除查询结果

3. 创建更新查询

【例 2.14】利用更新查询，将"读者信息 2"表中所属院系为"管理学院"的记录的所属院系更新为"会计学院"。具体步骤如下。

（1）打开"图书管理"数据库，单击"创建"选项卡"查询"选项组的"查询设计"按钮，在弹出的"显示表"对话框中选择"读者信息 2"表，单击"添加"按钮将该表添加至查询设计视图窗口中。单击"关闭"按钮，关闭"显示表"对话框。

（2）单击查询工具"设计"选项卡中"查询类型"选项组中的"更新"按钮，进入更新查询设计窗口，这时在查询设计视图下半部分的窗口中显示了一个"更新到"行。

（3）在更新查询设计窗口中，在对应字段（本例中为"所属院系"字段）的"更新到"行中输入更新数据，在"条件"行中输入更新条件，如图 2-34 所示。

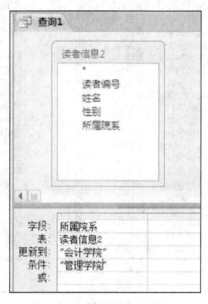

图 2-34　"更新查询"设计窗口

（4）单击快速访问工具栏中的"保存"按钮保存查询，弹出"另存为"对话框，在对话框中输入查询名称"更新院系查询"，如图 2-35 所示，单击"确定"按钮。

图 2-35　"另存为"对话框

（5）单击查询工具"设计"选项卡中"结果"选项组中的"运行"按钮，弹出图 2-36 所示的更新查询提示对话框。

图 2-36　更新查询提示对话框

（6）单击"是"按钮，系统开始更新相关记录。当打开"读者信息 2"表时，可以看到所有院系为"管理学院"的读者记录的所属院系已经改为"会计学院"，结果如图 2-37 所示。

读者编号	姓名	性别	所属院系
201330402008	陆婷婷	男	文新学院
201330402010	李莹月	男	文新学院
201130505036	罗绒吉村	男	藏学院
201130505037	杨秀才让	男	藏学院
201330103005	蒙铜	男	会计学院
201330103008	韦蕾蕾	男	会计学院
201431202007	姜坤	男	城建学院
201431202008	解骁朝	男	城建学院
201431202009	李冰	男	城建学院
201431305030	钱欣宇	男	生科学院
201431202013	李宗培	男	城建学院
201431305031	邵小钦	男	生科学院
201430106028	孙德刚	男	会计学院
201430106030	唐成熙	男	会计学院
201431202017	刘斯诺	男	城建学院
201431202021	潘文贤	男	城建学院
201431303082	赵峰	男	生科学院
201331101022	文致远	男	计科学院
201331101023	洪家兴	男	计科学院
201431204002	边巴旺堆	男	化环学院
201431204018	丁小龙	男	化环学院
201431204019	丁志超	男	化环学院
201431204022	高旭东	男	化环学院
201431204030	金宏哲	男	化环学院
201431204031	金廷贵	男	化环学院

图 2-37　打开数据源表

4. 创建追加查询

【例 2.15】创建一个追加查询，将"读者信息"表中性别为"女"的读者记录追加到"读者信息 2"表中相应的字段上。具体步骤如下。

（1）打开"图书管理" 数据库，单击"创建"选项卡"查询"选项组的"查询设计"按钮，在弹出的"显示表"对话框中选择"读者信息"表，单击"添加"按钮将该表添加至查询设计视图窗口中。单击"关闭"按钮，关闭"显示表"对话框。

（2）单击查询工具"设计"选项卡"查询类型"选项组中的"追加"按钮，弹出图 2-38 所示的"追加"对话框。

图 2-38　"追加"对话框

（3）在"追加"对话框中输入待追加的数据表名，确定是在当前数据库还是在另一个数据库中追加，确定好后再单击"确定"按钮。这时在查询设计视图下半部分的窗口中显示一个"追加到"行，在该行中选择与其对应的字段名，并在"性别"字段列中的条件行中输入条件"女"，如图 2-39 所示。

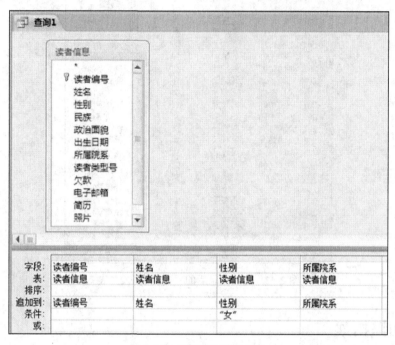

图 2-39 追加查询设计窗口

（4）单击快速访问工具栏中的"保存"按钮保存查询，弹出"另存为"对话框，在对话框中输入查询名称"追加女性记录查询"，如图 2-40 所示，单击"确定"按钮。

图 2-40 "另存为"对话框

（5）单击查询工具"设计"选项卡中"结果"选项组中的"运行"按钮，弹出图 2-41 所示的追加查询提示对话框。

图 2-41 追加查询提示对话框

（6）单击"是"按钮，系统开始追加相关记录。当打开"读者信息 2"表时，可以看到女性读者记录的相关字段已经加到该表中了，结果如图 2-42 所示。

读者信息2			
读者编号	姓名	性别	所属院系
201431204019	丁志超	男	化环学院
201431204022	高旭东	男	化环学院
201431204030	金宏哲	男	化环学院
201431204031	金廷贵	男	化环学院
201431204032	康伏龙	男	化环学院
201330402001	韩菁	女	文新学院
201330402002	顾珍玮	女	文新学院
201330402005	陈佳莹	女	文新学院
201330402007	韦莉	女	文新学院
201330402009	陈建芳	女	文新学院
201330402019	柏雪	女	文新学院
201130505034	完德开	女	藏学院
201330103003	高杨	女	管理学院
201330103004	梁冰冰	女	管理学院
201330103006	韦凤宇	女	管理学院
201330103007	刘海艳	女	管理学院
201330103009	梁淑芳	女	管理学院
201430106031	王冬雪	女	管理学院
201431202010	李欢	女	城建学院
201431202011	李吉祥	女	城建学院
201431202012	李桐	女	城建学院
201430206036	雷燕	女	管理学院
201431202018	罗壶	女	城建学院

图 2-42　追加记录后的"读者信息 2"表

四、知识拓展

操作查询与选择查询、参数查询、交叉表查询在运行上有本质的不同。选择查询、参数查询和交叉表查询的运行结果是从数据表中生成的动态数据集合，并不对查询结果进行物理存储，也没有修改表中的数据记录。而操作查询的运行结果会对数据表中的数据进行创建或修改，不能在数据表视图中查看其运行结果，只能通过打开表对象浏览其中数据的方式查看创建和修改结果。由于操作查询会对表中的数据进行修改，而且执行操作查询后不能对数据进行恢复，所以在运行操作查询时必须慎重，避免因为误运行带来损失。

五、课后练习

1. 利用"学生管理"数据库中的表，创建一个查询，生成一个表名为"不及格学生"的新表，新表中内容为不及格学生的"学号""姓名""课程名称"和"分数"信息，所建查询命名为"不及格学生查询"。

要求创建此查询后，运行该查询，并查看运行结果。

2. 利用"学生管理"数据库中的表，创建一个查询，将"不及格学生"表中"分数"字段的值都加 10，所建查询命名为"分数加 10 分查询"。要求创建此查询后，运行该查询，并查看运行结果。

3. 利用"学生管理"数据库中的表，创建一个查询，删除"不及格学生"表中所有姓"李"的记录，所建查询命名为"删除李姓查询"。要求创建此查询后，运行该查询，并查看运行结果。

4. 利用"学生管理"数据库中的表，创建一个查询，把"学生"表中所有姓"李"的学生的"学号""姓名""课程名称"和"分数"追加到"不及格学生"表中，所建查询命名为"追加李姓查询"。 要求创建此查询后，运行该查询，并查看运行结果。

实验 4　SQL 语句的使用

一、实验任务

（1）查询"读者信息"表中读者的所有信息。

（2）查询"读者信息"表中读者的读者编号、姓名和性别等信息。

（3）查询"读者信息"表中姓张的读者的读者编号、姓名和性别等信息。

（4）查询借阅天数不少于 20 天的读者的读者编号、图书编号和借阅天数信息。

（5）查询"图书借阅信息"表中借阅天数大于 30 天的学生数量。

（6）在"读者信息"表和"图书借阅信息"表中查询性别为"男"，并且借阅天数不少于 20 天的读者的姓名、性别、所属院系和借阅天数等信息。

二、问题分析

利用 SQL 语句的相应命令实现相应功能。

三、操作步骤

1. 打开 SQL 视图输入 SQL 语句

具体操作步骤如下。

（1）打开查询语句输入窗口。打开"图书管理"数据库，在数据库窗口中选择"创建"选项卡，单击 "查询"选项组中的"查询设计"按钮，弹出"显示表"对话框和选择查询设计视图窗口。在"显示表"对话框中单击"关闭"按钮，关闭"显示表"对话框。在查询设计视图窗口中单击鼠标右键，在弹出的快捷菜单（见图 2-43）中选择"SQL 视图"选项，即可切换到 SQL 视图，如图 2-44 所示。

（2）在 SQL 视图中单击，输入 SQL 语句，然后单击查询工具"设计"选项卡中"结果"选项组中的"运行"按钮，即可执行相应的语句。

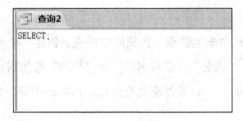

图 2-43 "SQL 视图"命令 　　　　　　　　图 2-44 SQL 视图

2. 使用 SQL 语句对数据表进行单表查询

【例 2.16】查询"读者信息"表中读者的所有信息。

在 SQL 视图中输入如下语句并执行：

`SELECT * FROM 读者信息`

查询结果如图 2-45 所示。

读者编号	姓名	性别	民族	政治面貌	出生日期	所属院系	读者类型号	欠款	电子邮箱	简历
201130505034	完德开	女	汉族	预备党员	1996/12/19	藏学院	1	¥0.00		善于交际，
201130505036	罗绒吉村	男	汉族	团员	1996/11/26	藏学院	1	¥0.00		工作能力强
201130505037	杨秀才让	男	回族	团员	1995/9/10	藏学院	1	¥0.00		工作能力强
201330103003	高杨	女	回族	群众	1997/11/6	管理学院	1	¥0.00		爱好：绘画
201330103004	梁冰冰	女	回族	群众	1995/11/7	管理学院	1	¥0.00		有组织，善
201330103005	蒙锅	男	蒙古族	其他	1995/11/8	管理学院	1	¥0.00		善于交际，
201330103006	韦凤宇	女	回族	预备党员	1995/3/1	管理学院	1	¥0.00		工作能力强
201330103007	刘海艳	女	汉族	其他	1995/3/2	管理学院	1	¥0.00		工作能力强
201330103008	韦蕾蕾	男	汉族	群众	1995/3/3	管理学院	1	¥0.00		爱好：绘画
201330103009	梁淇芳	女	汉族	其他	1994/11/12	管理学院	1	¥0.00		有组织，善
201330402001	韩菁	女	蒙古族	团员	1996/1/30	文新学院	1	¥0.00		组织能力强
201330402002	顾珍玮	女	壮族	群众	1996/7/9	文新学院	1	¥0.00		组织能力强
201330402005	陈佳莹	女	汉族	团员	1994/12/3	文新学院	1	¥0.00		有组织，善
201330402007	韦莉	女	白族	团员	1995/2/5	文新学院	1	¥0.00		爱好：摄影
201330402008	陆婷婷	男	彝族	团员	1994/8/24	文新学院	1	¥0.00		爱好：摄影

图 2-45 读者的所有信息查询结果

【例 2.17】查询"读者信息"表中读者的读者编号、姓名和性别等信息。

在 SQL 视图中输入如下语句并执行：

`SELECT 读者编号，姓名，性别 FROM 读者信息`

查询结果如图 2-46 所示。

读者编号	姓名	性别
201130505034	完德开	女
201130505036	罗绒吉村	男
201130505037	杨秀才让	男
201330103003	高杨	女
201330103004	梁冰冰	女
201330103005	蒙锅	男
201330103006	韦凤宇	女
201330103007	刘海艳	女
201330103008	韦蕾蕾	男
201330103009	梁淇芳	女
201330402001	韩菁	女
201330402002	顾珍玮	女
201330402005	陈佳莹	女
201330402007	韦莉	女
201330402008	陆婷婷	男
201330402009	陈建芳	女
201330402010	李莹月	男

图 2-46 读者的读者编号、姓名和性别信息查询结果

【例 2.18】查询“读者信息”表中姓张的读者的读者编号、姓名和性别等信息。

在 SQL 视图中输入如下语句并执行：

```
SELECT 读者编号，姓名，性别  FROM 读者信息  WHERE  姓名 like "张*"
```

查询结果如图 2-47 所示。

查询1

读者编号	姓名	性别
201331101031	张春瑞	女
t1102	张琳	女
t1125	张政	男

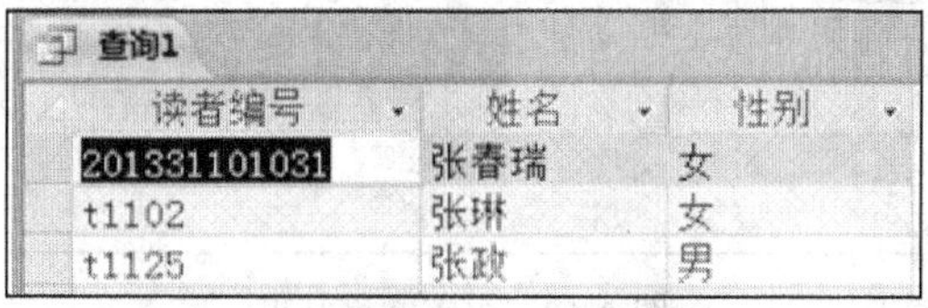

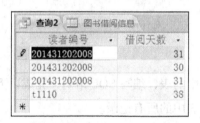

图 2-47　姓张的读者的读者编号、姓名和性别信息查询结果

【例 2.19】查询“图书借阅信息”表中借阅天数为 30 天及以上的读者的读者编号和借阅天数信息。

在 SQL 视图中输入并执行如下语句：

```
SELECT 读者编号，借阅天数 FROM 图书借阅信息 WHERE 借阅天数>=30
```

查询结果如图 2-48 所示。

查询2　图书借阅信息

读者编号	借阅天数
201431202008	31
201431202008	30
201431202008	31
t1110	38

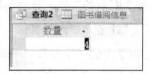

图 2-48　借阅天数在 30 天及以上的查询结果

【例 2.20】从“图书借阅信息”表中查询借阅天数大于 30 天的学生数量

在 SQL 视图中输入并执行如下语句：

```
SELECT  COUNT(*)  as  数量  FROM 图书借阅信息 WHERE 借阅天数>30
```

查询结果如图 2-49 所示。

查询2　图书借阅信息

数量
4

图 2-49　统计查询结果

3. 使用 SQL 语句对各张数据表进行多表查询

【例 2.21】从“读者信息”表和“图书借阅信息”表中查询性别为“男”，并且借阅天数不少于 20 天的读者的姓名、性别、所属院系和借阅天数等信息。

在 SQL 视图中输入如下语句并执行：

```
SELECT 读者信息.姓名，读者信息.性别，读者信息.所属院系，图书借阅信息.借阅天数
FROM 读者信息，图书借阅信息 WHERE 读者信息.读者编号 = 图书借阅信息.读者编号 AND  读者信息.性别
```

```
="男"  AND 图书借阅信息.借阅天数>=20
```

查询结果如图 2-50 所示。

姓名	性别	所属院系	借阅天数
解毓朝	男	城建学院	31
解毓朝	男	城建学院	30
解毓朝	男	城建学院	31
解毓朝	男	城建学院	29
赵辉	男	城建学院	38

图 2-50　多表查询结果

四、知识拓展

结构化查询语言（Structured Query Language，SQL）是美国国家标准学会（ANSI）规定的数据库语言，用来访问和操作关系数据库系统。目前，大多数流行的关系数据库系统，如 Access、DB2、SQL Server、Oracle 等，都采用 SQL。通过 SQL 对数据库进行控制可以提高程序的一致性和可扩展性。

五、课后练习

利用“学生管理”数据库中的表，编写 SQL 语句，完成以下查询。

（1）查找并显示“学生”表中的所有记录。

（2）查找并显示“学生”表中的“学号”“姓名”和“性别”字段的信息。

（3）查找并显示“学生”表中的“男”同学的“学号”“姓名”和“性别”字段的信息。

（4）查找并显示“学生”表中的姓李的同学的“学号”“姓名”和“性别”字段的信息。

（5）查找并显示“学生”表中的有绘画特长的同学的所有信息。

（6）查找并显示“学生”表中的年龄在 24 岁以下的同学的所有信息。

（7）查找并显示“学生”表中各个院系的人数，显示字段为“所属院系”和“总人数”。

（8）查找并显示学生的“学号”“姓名”“课程名称”和“分数”4 个字段的信息。

（9）查询平均成绩在 80 分以上的学生的“学号”“平均成绩”，并按平均成绩降序显示。

（10）查询平均成绩大于所有课程总平均成绩的学生的“学号”“平均成绩”，并按平均成绩降序显示（提示：条件的表示用子查询）。

第3章 窗体

实验1 制作登录界面

一、实验任务

本实验主要任务是掌握窗体中"标签""文本框""按钮"等控件的制作与使用，掌握对控件和窗体对象属性的设置与调整。

登录界面是用户进入系统的入口，只有合法用户才能进入系统的主界面。本实验用于实现在"图书管理.accdb"数据库中创建一个模拟登录界面的窗体对象，该窗体对象效果如图 3-3 所示。该窗体中包括 3 个 label 控件、两个 text 控件、3 个 command 控件。

特别说明：该窗体"登录""注册"和"退出"按钮的具体实现需要在后续宏或者 VBA 编程后才能完整实现。

二、问题分析

实验任务涉及知识点有控件的使用及其属性设置、窗体属性设置。

三、操作步骤

【例 3.1】利用"标签""文本框""按钮"等控件创建一个图书管理系统的登录界面。通过后续的宏功能配合，在该界面输入管理员编号和密码后，单击"登录"按钮可以进入下一个窗体，还可以通过单击"注册"按钮进入注册界面，单击"退出"按钮退出登录。具体步骤如下。

（1）打开文件夹下的"图书管理.accdb"数据库文件。

（2）选择"创建"选项卡中"窗体"组中的"窗体设计"选项，Access 2016 将自动打开空白的窗体并处于"设计视图"下。

（3）在空白窗体的"主体"设计区上单击鼠标右键，在弹出菜单中选择"窗体页眉/页脚"菜单项，窗体设计区增加"窗体页眉"节和"窗体页脚"节。

（4）依次选择"窗体设计工具"选项卡→"设计"子选项卡→"控件"组内的"标签"控件，然后在"窗体页眉"节拖曳鼠标画出一个矩形区域，在矩形框中输入文字"欢迎使用图书管理系统"。

（5）依次选择"窗体设计工具"选项卡→"设计"子选项卡→"控件"组内的"标签"控件，在窗体"主体"节左上侧拖曳鼠标画出一个矩形区域，在矩形中输入文字"请输入管理员编号："。再次用类似方式在窗体"主体"节左侧创建一个"标签"控件，控件标题文字为"密码："。

（6）依次选择"窗体设计工具"选项卡→"设计"子选项卡→"控件"组内的"文本框"控件，按住【Ctrl】键的同时在窗体"主体"节右上侧拖曳鼠标画出一个适当大小的文本框控件，释放鼠标后弹出"文本框向导"对话框，单击"取消"按钮。同理用类似方式按住【Ctrl】键同时在窗体"主体"节右侧拖曳鼠标画出一个文本框控件，释放鼠标后弹出"文本框向导"对话框，单击"取消"按钮（注意，如果不按住【Ctrl】键，创建文本框控件的同时还会自动生成关联的标签控件）。

（7）依次选择"窗体设计工具"选项卡→"设计"子选项卡→"控件"组内的"按钮"控件，在"窗体页脚"节左侧拖曳鼠标画出一个按钮控件，释放鼠标后弹出"命令按钮向导"对话框，单击"取消"按钮。使用类似方式在"窗体页脚"节中间和右侧分别再创建两个按钮控件。此时窗体界面参考效果如图 3-1 所示。

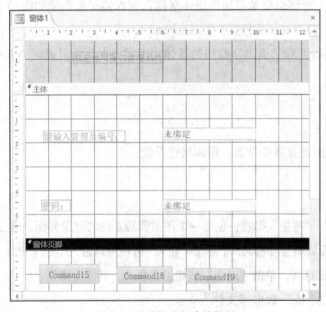

图 3-1　登录界面初步效果图

图 3-2　属性窗格

（8）选中"窗体页眉"节中的标签对象，然后依次选择"窗体设计工具"选项卡→"设计"

子选项卡→"工具"组内的"属性表"选项（或者按【Alt+Enter】组合键），打开"属性表"任务窗格，设置该标签对象的属性如图 3-2 所示。

（9）然后依次选中窗体中的各节对象，在"属性"窗格中设置各对象及控件的属性值如表 3-1 所示。

表 3-1　　　　　　　　　　　　　各对象和控件属性设置表

对象/控件名	属性名	属性值	说明
窗体	记录源	管理员信息	
窗体	标题	图书管理系统	
Label0	名称	Label0	
Label0	标题	欢迎使用图书管理系统	
Label0	宽度	8cm	
Label0	高度	1cm	
Label0	上边距	0.7cm	
Label0	左边距	2cm	
Label0	字体名称	楷体	
Label0	字号	20	
Label1	名称	Label1	
Label1	标题	请输入管理员编号：	
Label1	字号	14	
Label2	名称	Label2	
Label2	标题	密码	
Label2	字号	14	
Text1	名称	Text1	
Text1	字号	14	
Text2	名称	Text2	
Text2	输入掩码	密码	
Text2	字号	14	
Command1	名称	Command1	
Command1	标题	登录	
Command2	名称	Command2	
Command2	标题	注册	
Command3	名称	Command3	
Command3	标题	退出	

（10）设置好以上各属性后，按【Ctrl+S】组合键保存该窗体对象，并命名为"登录界面窗体"。单击"视图"选项卡中的"视图"下拉按钮，然后将窗体视图从"设计视图"切换到"窗

体视图"，查看窗体的效果如图 3-3 所示。

图 3-3　登录界面窗体运行效果图

四、课后练习

用"标签""文本框""按钮"等控件，创建图 3-4 所示的模拟进行两个数加法运算的窗体，并运行查看效果。

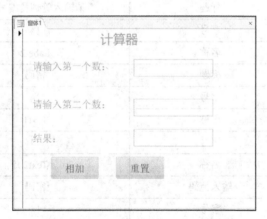

图 3-4　计算器窗体界面

实验 2　制作用户注册界面

一、实验任务

本实验的主要目的是强化读者掌握窗体中"标签""文本框""按钮"等控件的制作与使

用方法，掌握对控件和窗体对象属性的设置与调整方法。

注册界面是提供给新用户注册账号的界面，注册后用户账户的信息将存入数据库中的"管理员信息"表中，这样注册后的用户才能进入系统的主界面。本实验用于实现在"图书管理.accdb"数据库中创建一个模拟注册界面的窗体对象，该窗体对象效果如图 3-7 所示。该窗体中包括 5 个 Label 控件、4 个 Text 控件和 3 个 Command 控件。

特别说明：该窗体"确定""重置"和"退出"按钮功能的具体实现也需要在后续宏或者 VBA 编程后才能完整地完成。

二、问题分析

本实验涉及知识点包括控件的使用及其属性设置、窗体属性设置等。

三、操作步骤

【例 3.2】利用"标签""文本框""按钮"等控件创建一个图书管理系统的注册用户界面。用户可以在界面中输入用户编号、姓名、性别和密码信息，通过后续的宏功能配合，单击"确定"按钮可以将这些信息写入数据库表中。如果信息输入错误，还可以通过单击"重置"按钮重新输入信息，单击"退出"按钮退出注册。具体步骤如下。

（1）打开文件夹下的"图书管理.accdb"数据库文件。

（2）单击"创建"选项卡中"窗体"组内的"窗体设计"按钮，Access 2016 将自动打开空白的窗体并处于"设计视图"下，设计区显示只有"主体"设计区。

（3）依次选择"窗体设计工具"选项卡→"设计"子选项卡→"控件"组内的"标签"控件，然后在"主体"节中上方拖曳鼠标画出一个矩形区域，在矩形框中输入标签标题为"请输入以下注册信息"。

（4）依次选择"窗体设计工具"选项卡→"设计"子选项卡→"控件"组内的"文本框"控件，然后在"主体"节中部拖曳鼠标画出一个矩形区域（注意不按【Ctrl】键），即一个适当大小的文本框控件，释放鼠标后弹出"文本框向导"对话框，单击"取消"按钮。此时在窗体中除了创建了文本框控件，还创建了与之相关联的标签控件 Text1，窗体参考效果如图 3-5 所示。

（5）重复步骤（3），在主体节下方再创建 3 个相关联的文本框控件和标签控件，参考效果如图 3-6 所示。

（6）依次选择"窗体设计工具"选项卡→"设计"子选项卡→"控件"组内的"按钮"控件，然后在"主体"节最下方一排拖曳鼠标绘制出一个按钮控件，弹出"命令按钮向导"，单击"取消"按钮。使用类似方式再绘制两个"按钮"控件，此时窗体参考效果如图 3-7 所示。

图 3-5　窗体参考效果 1

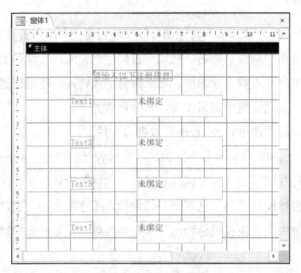

图 3-6　窗体参考效果 2

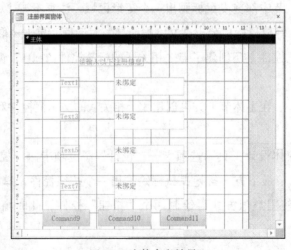

图 3-7　窗体参考效果 3

（7）按【Alt+Enter】组合键，打开属性表任务窗格设置各对象和控件属性，如表 3-2 所示。

表 3-2　　　　　　　　　　　注册窗体各对象控件属性设置表

对象/控件名	属性名	属性值	说明
窗体	记录源	管理员信息	
窗体	标题	注册界面	
主体	背景色	#E6EDD7	颜色值
Label0	名称	Label0	
Label0	标题	请输入以下注册信息	
Label0	字体名称	楷体	
Label0	字号	16	
Label2	名称	Label2	
Label2	标题	编号	
Label2	字号	14	
Label4	名称	Label4	
Label4	标题	姓名	
Label4	字号	14	
Label6	名称	Label6	
Label6	标题	性别	
Label6	字号	14	
Label8	名称	Label8	
Label8	标题	密码	
Label8	字号	14	
Text1	字号	14	
Text3	字号	14	
Text5	字号	14	
Text7	字号	14	
Text7	输入掩码	密码	
Command9	名称	Command9	
Command9	标题	确定	
Command10	名称	Command10	
Command10	标题	重置	
Command11	名称	Command11	
Command11	标题	退出	

（8）设置好以上各属性后，按【Ctrl+S】组合键保存该窗体对象，并命名为"注册界面窗体"。单击"视图"选项卡中的"视图"下拉按钮，然后将窗体视图从"设计视图"切换到"窗体视图"，查看窗体的效果如图 3-8 所示。

图 3-8　注册窗体最终效果

四、课后练习

1. 在前述的注册窗体的基础上，再增加更多的注册信息项，如"出生日期""手机号""学院""电子邮件地址"等，并运行查看效果。

2. 创建图 3-9 所示的窗体界面。

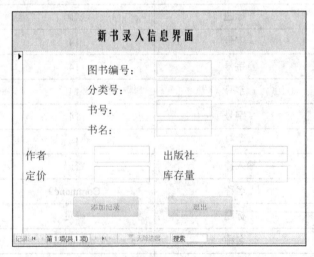

图 3-9　新书录入信息界面

实验 3 主界面窗体设计

一、实验任务

本实验的主要任务是在"图书管理.accdb"数据库中创建一个"图书管理系统"应用的主界面，该主界面窗体是整个系统提供给管理员调用各个功能模块的接口和基本环境，它包括一个"标签"控件、5 个"按钮"控件和一个"线条"控件，该窗体效果如图 3-12 所示。通过该实验，读者可以掌握"标签""按钮"和"线条"及窗体的应用，还可以掌握对颜色和背景等属性设置。

特别说明：该窗体中"读者管理""图书管理""图书借还管理"、"退出应用程序"和"返回登录界面"按钮的具体功能实现也需要在后续宏或者 VBA 编程后才能完整地完成。

二、问题分析

本实验涉及知识点包括标签、按钮及线条等控件的使用及其属性设置，以及窗体属性设置等。

三、操作步骤

【例 3.3】利用"标签""按钮"和"线条"等控件创建一个图书管理系统的主界面，界面包括"读者管理""图书管理"和"图书借还管理"按钮，通过后续的宏功能配合，单击它们可以进入相应的管理窗体中；单击"退出应用程序"按钮可以退出程序；单击"返回登录界面"按钮可以返回登录界面。具体步骤如下。

（1）打开文件夹下的"图书管理.accdb"数据库文件。

（2）单击"创建"选项卡中"窗体"组内的"窗体设计"按钮，Access 2016 将自动打开空白的窗体并处于"设计视图"下，设计区显示只有"主体"设计区。

（3）依次选择"窗体设计工具"选项卡→"设计"子选项卡→"控件"组内的"标签"控件，然后在"主体"节中上方拖曳鼠标绘制一个矩形区域，在矩形框中输入标签标题为"欢迎使用图书管理系统"。

（4）依次选择"窗体设计工具"选项卡→"设计"子选项卡→"控件"组内的"直线"控件，然后上一步创建的标签控件下方水平拖曳鼠标画出一条直线，直线长度与窗体宽度一样。

（5）依次选择"窗体设计工具"选项卡→"设计"子选项卡→"控件"组内的"按钮"控件，然后在窗体线条下方拖曳鼠标创建一个合适大小的"按钮"控件，弹出"命令按钮向导"，选择"取消"按钮即可。使用类似方法在下方再创建 4 个"按钮"控件，此时整个窗体界面的效果如图 3-10 所示。

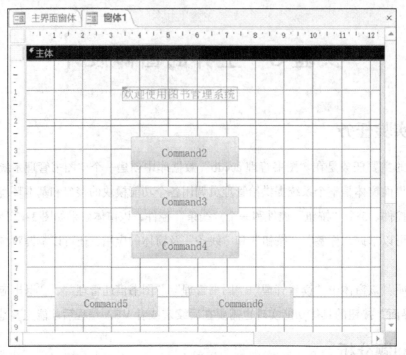

图 3-10　主界面初始效果图

（6）依次单击"窗体设计工具"选项卡→"设计"子选项卡→"工具"组内的"属性表"按钮，打开"属性表"任务窗格，设置各控件对象的属性为如表 3-3 所示。

表 3-3　　　　　　　　　　　　主界面窗体各控件对象属性设置表

对象/控件名	属性名	属性值	说明
窗体	标题	主界面	
窗体	图片	book.jpg	图片需提供
窗体	图片类型	嵌入	
窗体	图片对齐方式	右上	
Label0	名称	Label0	
Label0	标题	欢迎使用图书管理系统	
Label0	字体名称	仿宋	
Label0	字号	24	
Label0	字体粗细	加粗	
Label0	前景色	#22B14C	
Command2	名称	Command2	
Command2	标题	读者管理	
Command2	字体名称	隶书	
Command2	字号	20	

续表

对象/控件名	属性名	属性值	说明
Command3	名称	Command3	
Command3	标题	图书管理	
Command3	字体名称	隶书	
Command3	字号	20	
Command4	名称	Command4	
Command4	标题	图书借还管理	
Command4	字体名称	隶书	
Command4	字号	20	
Command5	名称	Command5	
Command5	标题	退出应用程序	
Command5	字体名称	隶书	
Command5	字号	20	
Command6	名称	Command6	
Command6	标题	退出登录界面	
Command6	字体名称	隶书	
Command6	字号	20	

（7）设置完表 3-3 中属性后，整个窗体的效果如图 3-11 所示，然后按【Ctrl+S】组合键保存该窗体对象，并命名为"注册界面窗体"。单击"视图"选项卡中"视图"下拉按钮，然后将窗体视图从"设计视图"切换到"窗体视图"，查看窗体的效果如图 3-12 所示。

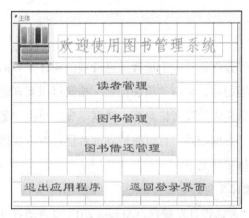

图 3-11　主界面设计完效果图

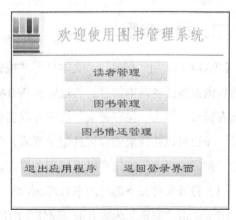

图 3-12　主界面运行完效果图

四、课后练习

在前述的主界面窗体的基础上，将"窗体"对象的"图片"属性设置为一张新的照片，并设置"图片缩放模式"为"缩放"；再试着将 5 个按钮的背景修改为某个小图片，并运行查看效果。

实验4　读者信息管理窗体设计

一、实验任务

本实验主要任务是在"图书管理.accdb"数据库中创建一个"读者信息管理"窗体，该窗体用于实现对读者信息进行管理，其功能包括浏览每个读者信息、添加读者信息记录、保存读者信息记录、删除读者信息记录和查询读者信息，并提供返回主界面的功能。该窗体由"窗体页眉"节、"主体"节和"窗体页脚"节组成，"窗体页眉"节包含一个用于提示的标签控件，"主体"节包含每个读者的具体信息，有 8 个标签控件和 8 个文本框控件。"窗体页脚"节包含 9 个按钮控件。通过该实验读者可以掌握标签、按钮、文本框等控件的使用，掌握窗体多节内容的布局，掌握窗体记录源设置等功能。该窗体的参考效果如图 3-22 所示。

特别说明：该窗体"查询记录"和"返回主界面"等按钮功能的具体实现也需要在后续宏或者 VBA 编程后才能完整理解。

二、问题分析

本实验涉及知识点包括标签、按钮、文本框等控件的使用，窗体多节内容的布局，窗体记录源设置等功能。

三、操作步骤

【例 3.4】利用"标签""文本框""按钮"等控件创建一个读者信息管理的窗体，界面可以前后浏览各读者基本信息，通过宏和 VBA 功能配合，单击"添加记录"按钮可以实现输入新读者记录，单击"保存记录"按钮可以实现将新输入的读者记录写入数据库表，单击"删除记录"按钮可以将当前读者信息记录删除，单击"查询记录"可以跳转到读者信息查询窗体，单击"返回主界面"按钮可以返回到主界面。具体步骤如下。

（1）打开文件夹下的"图书管理.accdb"数据库文件。

（2）单击"创建"选项卡中"窗体"组内的"窗体设计"按钮，Access 2016 将自动打开空白的窗体并处于"设计视图"下。

（3）在空白窗体的"主体"设计区上单击鼠标右键，在弹出菜单中选择"窗体页眉/页脚"菜单项，窗体设计区增加"窗体页眉"节和"窗体页脚"节。

（4）依次选择"窗体设计工具"选项卡→"设计"子选项卡→"控件"组内的"标签"控

件，然后在"窗体页眉"节拖曳鼠标绘制一个矩形区域，在矩形框中输入文字"读者信息管理界面"。

（5）依次单击"窗体设计工具"选项卡→"设计"子选项卡→"工具"组内的"添加现有字段"按钮，弹出"字段列表"窗格，如图 3-13 所示。然后单击窗格中"显示所有表"按钮，展开所有表、可以看到本数据库的所有表在下方，如图 3-14 所示。

图 3-13　字段列表窗格 1

图 3-14　字段列表窗格 2

（6）单击图 3-14 中"读者信息"表前方的加号，展开可见该表所有字段，依次选中"读者编号""姓名""性别""民族""政治面貌""出生日期""所属院系"和"读者类型号"等字段，并将其拖曳到"主体"节中，每个字段对应会生成关联的标签和文本框控件（其中"政治面貌"字段由于在表设计时规定显示控件为组合框，所以生成的是"组合框"控件）。再对控件按行布局，参考效果如图 3-15 所示。

图 3-15　读者信息管理界面参考效果

（7）依次选择"窗体设计工具"选项卡→"设计"子选项卡→"控件"组内的"按钮"控件，然后在"窗体页脚"节拖曳鼠标绘制一个矩形按钮控件，弹出"命令按钮向导"对话框，如图 3-16 所示。这里选择"类别"为"记录导航"，"操作"选择"转至第一项记录"，单击"下一步"按钮进入命令按钮向导第二步如图 3-17 所示。这里选择文本，文本框文字为"第一项记录"，单击"下一步"按钮进入命令按钮向导第三步，这里不修改按钮名称，单击"完成"按钮结束按钮的创建。

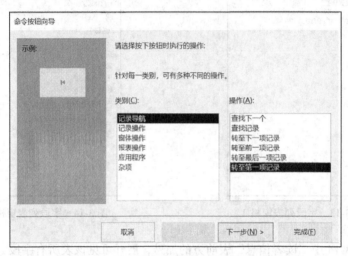

图 3-16　命令按钮向导 1

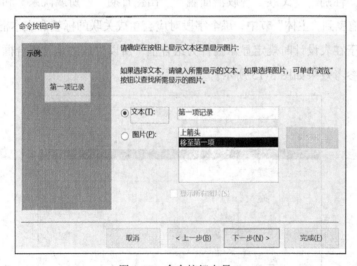

图 3-17　命令按钮向导 2

（8）使用类似步骤（7）的方式，再创建 3 个命令按钮，其向导第一步中的操作分别选择"转至前一项记录""转至下一项记录"和"转至最后一项记录"，其他步骤的选择不变，此时"窗体页脚"节效果如图 3-18 所示。

（9）依次选择"窗体设计工具"选项卡→"设计"子选项卡→"控件"组内的"按钮"控件，然后在"窗体页脚"节另起一行拖曳鼠标绘制一个矩形按钮控件，弹出"命令按钮向导"

对话框，这里选择“类别”为“记录操作”，“操作”选择“添加新记录”，如图 3-19 所示。单击“下一步”命令按钮向导第二步，选择文本“添加记录”，再单击“下一步”按钮选择“完成”选项即可。

图 3-18　窗体页脚区效果 1

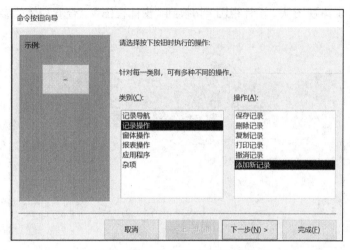

图 3-19　命令按钮向导设置

（10）使用与步骤（9）类似的方式，再创建两个命令按钮，其向导第一步中的操作分别选择“保存记录”“删除记录”，其他步骤的选择不变，此时“窗体页脚”节效果如图 3-20 所示。

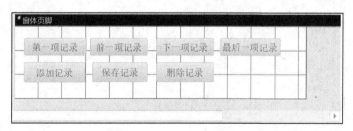

图 3-20　窗体页脚区效果 2

（11）依次选择“窗体设计工具”选项卡→“设计”子选项卡→“控件”组内的“按钮”控件，在“窗体页脚”节拖曳鼠标再绘制两个矩形按钮控件（此两个控件在弹出“命令按钮向导”对话框时选择“取消”选项）。绘制好按钮控件后，选中两个控件的标题文字，将两个控件的标题文字分别编辑修改为“查询记录”和“返回主界面”。此时“窗体页脚”节效果如图 3-21 所示。

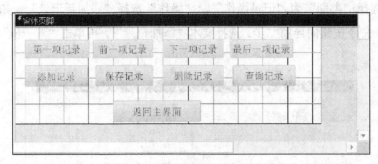

图 3-21　窗体页脚区效果 3

（12）保存该窗体对象，并命名为"读者信息管理窗体"。单击"视图"选项卡中"视图"下拉按钮，然后将窗体视图从"设计视图"切换到"窗体视图"，查看窗体的参考效果如图 3-22所示。

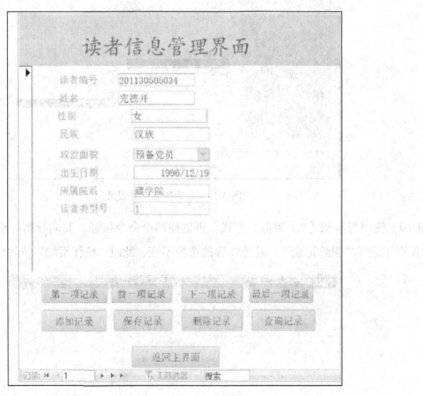

图 3-22　窗体运行效果图

四、课后练习

参照前述的读者信息管理窗体，用类似的方法创建浏览"图书馆藏信息"表记录的窗体，并运行查看效果。

实验5 读者信息查询窗体设计

一、实验任务

本实验的主要任务是在"图书管理.accdb"数据库中创建一个模拟"读者信息查询"窗体，该窗体可实现对读者信息进行查询，其功能包括可以按"读者编号""读者姓名"和"所属院系"3 种方式进行查询，并提供返回"读者信息管理窗体"的按钮功能。该窗体只有"主体"节，"主体"节包含 7 个标签控件、3 个选项按钮控件、4 个按钮控件和 3 个文本框控件。通过该实验读者可以掌握标签、按钮、文本框及选项按钮等控件的使用方法，掌握窗体记录源设置等功能。该窗体的最终参考效果如图 3-28 所示。

特别说明：该窗体各按钮功能的具体实现也需要在后续宏或者 VBA 编程后才能完整理解。

二、问题分析

本实验涉及知识点包括标签、按钮、文本框和选项按钮等控件的使用，窗体记录源设置等功能。

三、操作步骤

【例 3.5】利用"标签""文本框""选项按钮"和"按钮"等控件创建一个读者信息查询界面，在该界面可以按"读者编号""读者姓名"和"读者院系"等方式进行查询，通过后续的宏及 VBA 功能配合，单击"查找"按钮可以将查询到的读者信息显示在窗体中。具体步骤如下。

（1）打开文件夹下的"图书管理.accdb"数据库文件。

（2）单击"创建"选项卡中"窗体"组内的"窗体设计"按钮，Access 2016 将自动打开空白的窗体并处于"设计视图"下，窗体中只有"主体"节。

（3）依次选择"窗体设计工具"选项卡→"设计"子选项卡→"控件"组内的"标签"控件，然后在"主体"节最上方拖曳鼠标绘制一个矩形区域，在矩形框中输入文字"请选择查询方式"，此时就绘制完成了一个标签控件。

（4）依次选择"窗体设计工具"选项卡→"设计"子选项卡→"控件"组内的"选项按钮"控件，然后在"主体"节第三步创建的标签控件下方拖曳鼠标绘制一个选项按钮控件。需要注意的是，还创建了一个与选项按钮控件相关联的标签控件，如图 3-23 所示。选中"Option1"文字表示的标签控件（先选中任何控件，再直接单击"Option1"文字选择），将其标题属性改为"按读者编号查找"，完成第一个选项按钮控件的绘制。

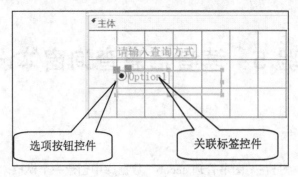

图 3-23　选项按钮控件的组成

（5）按照同样的方式，在步骤（3）中绘制的选项按钮控件下方再创建两个选项按钮控件，并将其关联的标签控件的标题分别改为"按读者姓名查找"和"按所属院系查找"，修改完后的效果如图 3-24 所示。

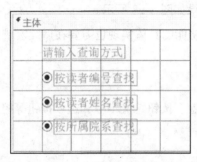

图 3-24　3 个选项按钮效果图

（6）依次选择"窗体设计工具"选项卡→"设计"子选项卡→"控件"组内的"文本框"控件，在上述选项按钮的下方，拖曳创建一个文本框控件，如打开提示"文本框向导"对话框，选择"取消"选项。此时还会创建一个关联的"标签"控件，如图 3-25 所示。选中文字"Text12"所代表的标签控件，将其标题属性改为"请输入读者编号"。

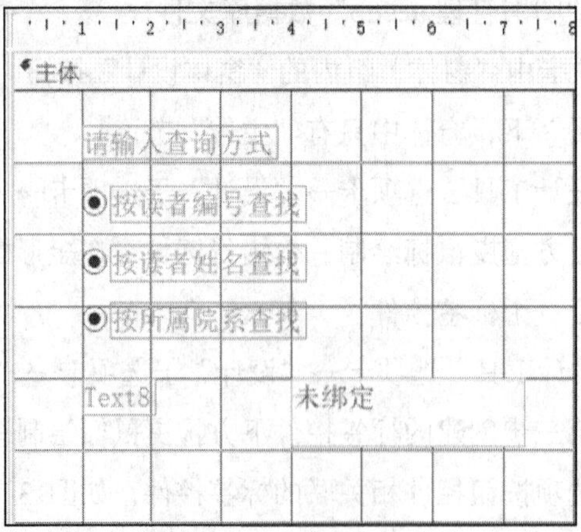

图 3-25　关联文本框控件图

（7）依次选择"窗体设计工具"选项卡→"设计"子选项卡→"控件"组内的"按钮"控件，在步骤（5）创建的控件下方拖曳创建一个按钮控件，如打开"命令按钮向导"对话框，选择"取消"选项。单击该按钮控件的标题文字，将其修改为"查找"即可。此时效果如图3-26所示。

（8）按步骤（5）和步骤（6）的方式，在主体节下方继续创建两组相同的控件，如图3-27所示，将其中的标签控件的标题属性分别修改为"请输入读者姓名"和"请输入院系"。

图3-26　窗体效果图1

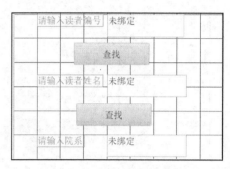

图3-27　窗体效果图2

（9）依次选择"窗体设计工具"选项卡→"设计"子选项卡→"控件"组内的"按钮"控件，最后在主体节的最下方创建一个按钮控件，如打开"命令按钮向导"对话框，选择"取消"选项。单击该按钮控件的标题文字将其修改为"返回读者信息管理界面"即可。按【Ctrl+S】组合键保存该窗体对象，并将其命名为"读者信息查询窗体"。单击"视图"选项卡中"视图"下拉按钮，然后将窗体视图从"设计视图"切换到"窗体视图"，查看窗体的参考效果如图3-28所示。

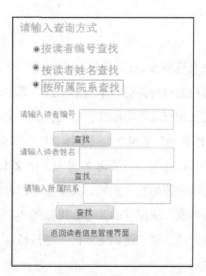

图3-28　窗体效果图3

四、课后练习

1. 调整上述窗体的控件的布局，使其变成图 3-29 所示形式。

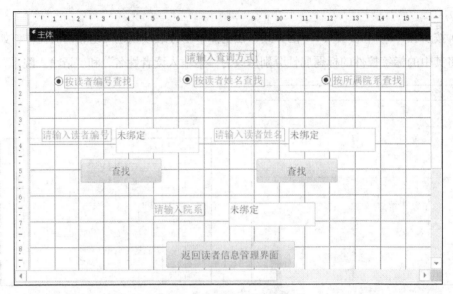

图 3-29　调整布局后的窗体效果

2. 在前述的窗体实现基础上，在"选项"按钮中增加按"民族"查找的方式，同时在下方增加文本框可实现输入"民族"后查找的项目，并运行查看效果。

实验 6　图书管理窗体设计

一、实验任务

本实验主要任务是在"图书管理.accdb"数据库中创建一个"图书管理窗体"，该窗体实现对图书信息进行管理的，其功能包括浏览一本图书信息、添加图书信息记录、保存新添加图书信息记录、删除图书信息记录和查询图书信息，并提供返回主界面的功能。该窗体由"窗体页眉"节、"主体"节和"窗体页脚"节组成，"窗体页眉"节包含一个作提示用的标签控件，"主体"节包含每本图书的具体信息，由 8 个标签控件和 8 个文本框控件。"窗体页脚"节包含 9 个按钮。通过该实验读者可以掌握标签、按钮、文本框等控件的使用，掌握窗体多节内容的布局，掌握窗体记录源设置等功能。该窗体的参考效果如图 3-39 所示。

特别说明：该窗体"查询记录"和"返回主界面"等按钮功能的具体实现也需要在后续宏或者 VBA 编程后才能完整理解。

二、问题分析

本实验涉及知识点包括标签、按钮、文本框等控件的使用，窗体多节内容的布局，窗体记录源设置等功能。

三、操作步骤

【例 3.6】利用"标签""文本框""按钮"等控件制作一个图书信息管理的窗体，在界面中可以前后浏览各图书基本信息，通过宏和 VBA 功能配合，单击"添加记录"按钮可以实现输入新图书记录，单击"保存记录"按钮可以实现将新输入的图书记录写入数据库表，单击"删除记录"按钮可以将当前图书信息记录删除，单击"查询记录"按钮可以跳转到图书信息查询窗体，单击"返回主界面"按钮可以返回主界面。具体步骤如下。

（1）打开文件夹下的"图书管理.accdb"数据库文件。

（2）单击"创建"选项卡中"窗体"组内的"窗体设计"选项，Access 2016 将自动打开空白的窗体并处于"设计视图"下。

（3）在空白窗体的"主体"设计区上单击鼠标右键，在弹出菜单中选择"窗体页眉/页脚"菜单项，窗体设计区增加"窗体页眉"节和"窗体页脚"节。

（4）依次选择"窗体设计工具"选项卡→"设计"子选项卡→"控件"组内的"标签"控件，然后在"窗体页眉"节拖曳鼠标绘制一个矩形区域，在矩形框中输入文字"图书信息管理界面"。

（5）依次选择"窗体设计工具"选项卡→"设计"子选项卡→"工具"组内的"添加现有字段"按钮，弹出"字段列表"窗格如图 3-30 所示。然后单击窗格中"显示所有表"按钮，展开所有表可以看到本数据库的所有表在下方，如图 3-31 所示。

图 3-30　字段列表窗格 1

图 3-31　字段列表窗格 2

（6）单击图 3-31 中"图书信息"表前方的加号，可展开该表中的所有字段，依次选中"图书编号""书名""作者""出版社""出版日期""藏书量""图书类型号"和"在馆数量"等字段，将其拖曳到"主体"节中，每个字段对应会生成关联的标签和文本框控件。再对控件按行布局，参考效果如图 3-32 所示。

图 3-32　图书信息管理界面参考效果

（7）依次选择"窗体设计工具"选项卡→"设计"子选项卡→"控件"组内的"按钮"控件，然后在"窗体页脚"节拖曳鼠标绘制一个矩形按钮控件，弹出"命令按钮向导"对话框如图 3-33 所示。这里选择类别为"记录导航"，操作选择"转至第一项记录"选项，单击"下一步"按钮进入命令按钮向导第二步，如图 3-34 所示。这里选择文本，文本框文字为"第一项记录"，单击"下一步"按钮进入命令按钮向导第三步，这里不修改按钮名称，单击"完成"结束按钮的创建。

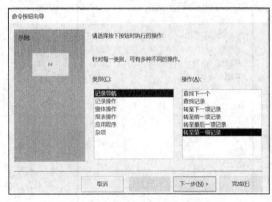

图 3-33　命令按钮向导 1

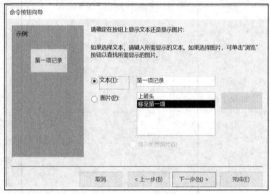

图 3-34　命令按钮向导 2

（8）用与步骤（7）类似的方式，再创建 3 个命令按钮，其向导第一步中的操作分别选择"转至前一项记录""转至下一项记录"和"转至最后一项记录"选项，其他步骤选择不变，此时"窗体页脚"节效果如图 3-35 所示。

图 3-35　窗体页脚区效果 1

（9）依次选择"窗体设计工具"选项卡→"设计"子选项卡→"控件"组内的"按钮"控件，然后在"窗体页脚"节另起一行拖曳鼠标绘制一个矩形按钮控件，弹出"命令按钮向导"对话框，这里选择类别为"记录操作"，操作选择"添加新记录"，如图 3-36 所示。单击"下一步"按钮进入命令按钮向导第二步，选择文本"添加记录"，再单击"下一步"按钮选择"完成"选项即可。

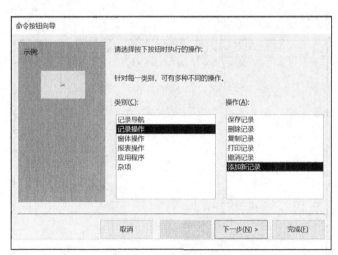

图 3-36　命令按钮向导设置

（10）用与步骤（9）类似的方式，再创建两个命令按钮，其向导第一步中的操作分别选择"保存记录""删除记录"，其他步骤选择不变，此时"窗体页脚"节效果如图 3-37 所示。

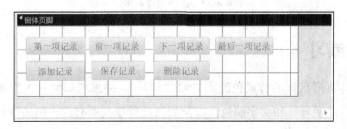

图 3-37　窗体页脚区效果 2

（11）依次选择"窗体设计工具"选项卡→"设计"子选项卡→"控件"组内的"按钮"控件，在"窗体页脚"节拖曳鼠标再绘制两个矩形按钮控件（此两个控件在弹出"命令按钮向导"对话框时选择"取消"选项）。画好按钮控件后，选中两个控件的标题文字，将两个控件的标题文字分别编辑修改为"查询记录"和"返回主界面"。此时"窗体页脚"节效果如图 3-38 所示。

图 3-38　窗体页脚区效果 3

（12）按【Ctrl+S】组合键保存该窗体对象，并命名为"图书管理窗体"。单击"视图"选项卡中"视图"下拉按钮，然后将窗体视图从"设计视图"切换到"窗体视图"，查看窗体的参考效果如图 3-39 所示。

图 3-39　窗体运行效果图

四、课后练习

将上述的窗体页眉区域的背景色改为"#2F3699"，并思考如何一次性地设置、修改所有的标签的"字体""字号"和文字颜色，以及如何批量修改所有的按钮的背景色、标签中文本字体和颜色等，并运行查看效果。

实验 7　图书信息查询窗体设计

一、实验任务

本实验的主要任务是在"图书管理.accdb"数据库中创建一个模拟"图书信息查询"窗体，该窗体可实现对图书信息进行查询的，其功能包括按"图书编号"进行查询图书信息，并提供返回"图书管理窗体"的按钮功能。该窗体包含"窗体页眉"节、"主体"节和"窗体页脚"节，"窗体页眉"节包含一个标签控件，主体节一个标签控件、一个按钮控件、一个文本框控件和一个子窗体控件，"窗体页脚"节包含一个返回"图书管理窗体"的按钮。通过该实验读者可以掌握标签、按钮、文本框及子窗体等控件的使用，掌握窗体多节内容局部功能，掌握窗体记录源设置等功能。该窗体的最终参考效果如图 3-44 所示。

特别说明：该窗体各按钮功能的具体实现也需要在后续宏或者 VBA 编程后才能完整理解。

二、问题分析

本实验涉及知识点包括标签、按钮、文本框和子窗体等控件的使用，窗体记录源设置和多节内容布局等功能。

三、操作步骤

【例 3.7】利用"标签""文本框""按钮"和"子窗体"等控件创建一个图书信息查询界面，该界面可以按"图书编号"进行查询，通过后续的宏及 VBA 功能配合，单击"查询"按钮可以将查询到的图书信息显示在子窗体中。具体步骤如下。

（1）打开文件夹下的"图书管理.accdb"数据库文件。

（2）单击"创建"选项卡中"窗体"组内的"窗体设计"选项，Access 2016 将自动打开空白的窗体并处于"设计视图"下，窗体只有"主体"节。

（3）在空白窗体的"主体"设计区上单击鼠标右键，在弹出菜单中选择"窗体页眉/页脚"菜单项，窗体设计区增加"窗体页眉"节和"窗体页脚"节。

（4）依次选择"窗体设计工具"选项卡→"设计"子选项卡→"控件"组内的"标签"控件，然后在"窗体页眉"节中拖曳鼠标绘制一个矩形区域，在矩形框中输入文字"图书信息查询界面"，此时得到一个标签控件。选中该标签，在"属性表"窗格设置字号为 24，并适当调整该标签的宽度和高度。

（5）依次选择"窗体设计工具"选项卡→"设计"子选项卡→"控件"组内的"文本框"控件，然后在"主体"节上部拖曳鼠标绘制一个文本框控件，弹出"文本框向导"选择"取消"

选项结束。此时得到一个一对关联的文本框和标签控件，如图 3-40 所示，选中文字"Text1"所代表的标签控件，修改其"标题"属性为"请输入图书编号"即可。

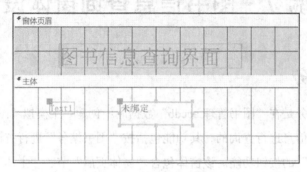

图 3-40　窗体设计效果图

（6）依次选择"窗体设计工具"选项卡→"设计"子选项卡→"控件"组内的"按钮"控件，然后在步骤（5）中文本框右侧绘制一个按钮控件，弹出"命令按钮向导"，选择"取消"选项结束，然后单击该按钮，修改其"标题"属性为"查询"。

（7）依次选择"窗体设计工具"选项卡→"设计"子选项卡→"控件"组内的"子窗体/子报表"控件，在窗体"主体"节下方拖曳一个适当的方框，启动子窗体的设计，此时弹出"子窗体向导"第一步，如图 3-41 所示，这一步选择"使用现有的表和查询"选项来创建子窗体，单击"下一步"按钮进入"子窗体向导"第二步，如图 3-42 所示，这一步中"表/查询"下拉组合框选择"表：图书信息"，"可用字段"列表中的所有字段发送到右侧"选定字段"列表中。然后单击"下一步"按钮进入"子窗体向导"最后一步，这一步中设定"请指定子窗体或子报表的名称"为"图书信息 子窗体"，最后单击"完成"按钮结束。

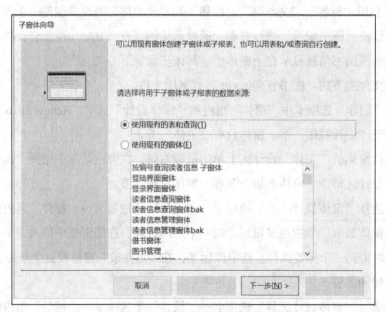

图 3-41　子窗体向导步骤 1

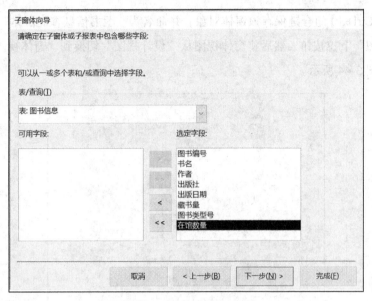

图 3-42　子窗体向导步骤 2

（8）结束步骤（7）的操作后，左侧的"导航窗格"将会出现一个名为"图书信息 子窗体"的窗体，该窗体将作为"图书信息查询"窗体的子窗体。窗体当前的设计效果为图 3-43 所示。

（9）依次选择"窗体设计工具"选项卡→"设计"子选项卡→"控件"组内的"按钮"控件，在"窗体页脚"节中央拖曳绘制一个按钮控件，弹出"命令按钮向导"，选择"取消"选项。选中该按钮，将其"标题"属性修改为"返回图书管理窗体"即可。

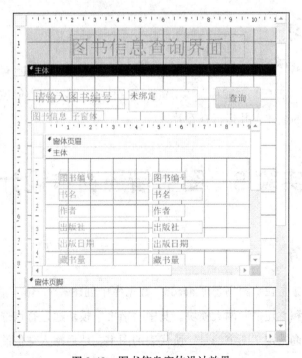

图 3-43　图书信息窗体设计效果

（10）按【Ctrl+S】组合键保存该窗体对象，并命名为"图书信息查询窗体"。单击"视图"选项卡中"视图"下拉按钮，然后将窗体视图从"设计视图"切换到"窗体视图"，查看窗体的参考效果如图3-44所示。

图 3-44　图书查询窗体运行效果图

四、课后练习

请参照前述的图书信息查询窗体，先创建一个职工数据表（可拟定有"职工号""姓名""性别""出生年月""部门""职称""工资"等字段），然后用类似控件及子窗体控件创建对职工信息进行查询的窗体，并运行查看效果。

实验 8　图书借还窗体设计

一、实验任务

本实验的主要任务是在"图书管理.accdb"数据库中创建一个模拟"图书借还管理窗体"，该窗体包括"借书"和"还书"两大模块。其中"借书"模块通过查询选定某个"读者编号"所代表的读者，再查询选定"图书编号"所代表的图书，然后输入"借阅日期"后单击"确认借书"按钮实现模拟的借书功能。另外，"还书"模块通过查询选定某个"读者编号"所代表的读者，再查询选定"图书编号"所代表的图书，然后单击"还书删除"按钮实现模拟的还书功能。

该窗体包含"窗体页眉"节、"主体"节和"窗体页脚"节。"窗体页眉"节包含一个标签控件；主体节包含一个有两页的选项卡控件，选项卡第一页实现借书功能，第二页实现还书功能。其中第一页又包含 3 个标签控件、3 个文本框控件、3 个按钮控件和两个子窗体，第二页包含两个标签控件、两个文本框控件、两个按钮控件和一个子窗体；"窗体页脚"节包含一个返回"返回主界面"的按钮。通过该实验读者可以掌握标签、按钮、文本框、选项卡及子窗体等控件的使用，掌握窗体多节内容局部功能，掌握窗体记录源设置等功能。该窗体的最终参考效果如图 3-57 所示。

特别说明：该窗体各按钮功能的具体实现也需要在后续宏或者 VBA 编程后才能完整理解。

二、问题分析

本实验涉及知识点包括标签、按钮、文本框、选项卡及子窗体等控件的使用，窗体记录源设置和多节内容布局等功能。

三、操作步骤

【例 3.8】利用"标签""文本框""按钮""页选项卡"和"子窗体"等控件创建一个图书借还窗体界面，在"借书"页可以指定某个"读者编号""图书编号"和"借阅日期"，通过后续的 VBA 功能配合实现具体借书行为；在"还书"页可以查询某个读者借书信息，通过后续的 VBA 功能配合实现具体的还书行为。具体步骤如下。

（1）打开文件夹下的"图书管理.accdb"数据库文件。

（2）单击"创建"选项卡中"窗体"组内的"窗体设计"选项，Access 2016 将自动打开空白的窗体并处于"设计视图"下，窗体只有"主体"节。

（3）在空白窗体的"主体"设计区上单击鼠标右键，在弹出菜单中选择"窗体页眉/页脚"菜单项，窗体设计区增加"窗体页眉"节和"窗体页脚"节。

（4）依次选择"窗体设计工具"选项卡→"设计"子选项卡→"控件"组内的"标签"控件，然后在"窗体页眉"节中拖曳鼠标绘制一个矩形区域，在矩形中输入文字"图书借还界面"，此时得到一个标签控件。选中该标签，在"属性表"窗格设置字号为 24，并适当调整该标签的宽度和高度。

（5）依次选择"窗体设计工具"选项卡→"设计"子选项卡→"控件"组内的"选项组"控件，然后在"主体"节拖曳鼠标绘制一个较大的矩形区域，形成一个"选项卡"控件，该"选项卡"控件默认有两页，如图 3-45 所示。

（6）单击"页 2"所在的选项卡页，将"页 2"页标题属性改为"借书"；同样地，单击"页 3"所在的选项卡页，将"页 3"页标题属性改为"还书"。

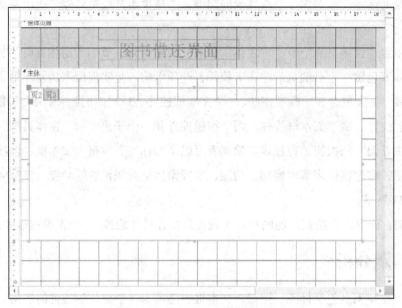

图 3-45　图书借还窗体设计效果 1

（7）单击"借书"页，依次选择"窗体设计工具"选项卡→"设计"子选项卡→"控件"组内的"文本框"控件和"按钮"控件，在"借书"页绘制 3 组"标签""文本框"和按钮控件，如图 3-46 所示。

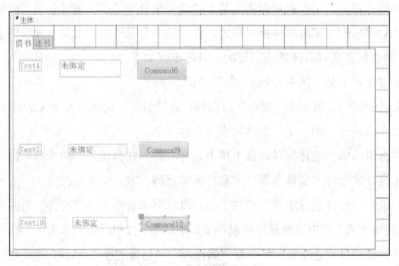

图 3-46　图书借还窗体设计效果 2

（8）分别选中步骤（7）中创建的"Text4""Text7"和"Text10"标签控件，修改其标题属性为"读者编号："图书编号："和"借阅日期"；再分别选中"Command6""Command9"和"Command12" 3 个按钮控件，将其标题属性修改为"查询""查询"和"确认借书"。此时效果如图 3-47 所示。

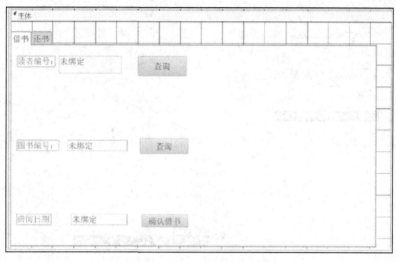

图 3-47　图书借还窗体设计效果 3

　　（9）依次选择"窗体设计工具"选项卡→"设计"子选项卡→"控件"组内的"子窗体/子报表"控件，在"借书"页中"读者编号"和"图书编号"标签之间空白处拖曳一个适当的方框，启动子窗体的设计。此时，弹出"子窗体向导"第一步，如图 3-48 所示，这一步选择"使用现有的表和查询"来创建子窗体。单击"下一步"按钮进入"子窗体向导"第二步，如图 3-49所示，在这一步中"表/查询"下拉组合框选择"查询: 读者信息及借阅信息查询"，"可用字段"列表中的所有字段发送到右侧"选定字段"列表中。然后单击"下一步"按钮进入"子窗体向导"最后一步，这一步中设定"请指定子窗体或子报表的名称"为"读者信息及借阅信息查询 子窗体"，最后单击"完成"按钮结束。

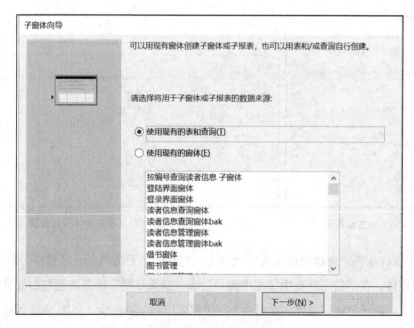

图 3-48　子窗体向导步骤 1

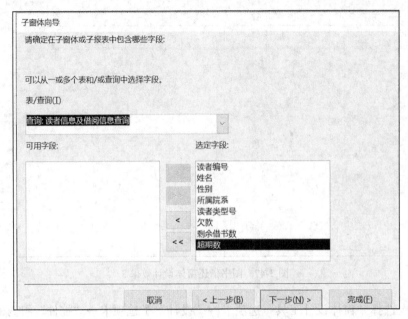

图 3-49　子窗体向导步骤 2

（10）选中设计区中的"读者信息及借阅信息查询 子窗体"子窗体，在属性表中将其"源对象"属性下拉修改为"查询.读者信息及借阅信息查询"，如图 3-50 所示。再选中"读者信息及借阅信息查询 子窗体"标签，将其标题属性修改为"读者信息及借阅信息"，此时界面效果如图 3-51 所示。

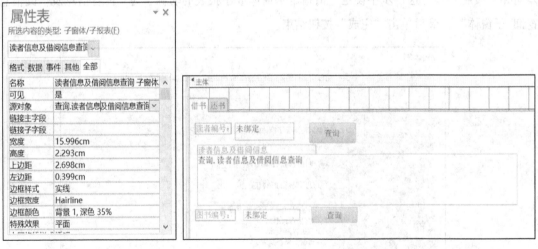

图 3-50　属性设置表　　　　　　　　图 3-51　图书借还窗体设计效果 4

（11）依次选择"窗体设计工具"选项卡→"设计"子选项卡→"控件"组内的"子窗体/子报表"控件，在"借书"页中"图书编号"和"借阅日期"标签之间空白处拖曳绘制一个适当的方框，启动子窗体的设计。此时弹出"子窗体向导"第一步，如图 3-52 所示，这一步选择"使用现有的表和查询"来创建子窗体，单击"下一步"进入"子窗体向导"第二步，画面如图

3-53 所示，这一步中"表/查询"下拉组合框选择"表：图书信息"，"可用字段"列表中的所有字段发送到右侧"选定字段"列表中。然后单击"下一步"按钮进入"子窗体向导"最后一步，在这一步中设定"请指定子窗体或子报表的名称"为"图书信息 子窗体"，最后单击"完成"按钮结束。

（12）参照步骤（10），选中设计区中的"图书信息 子窗体"子窗体，在属性表中将其"源对象"属性修改为"表.图书信息"。再选中"图书信息 子窗体"标签，将其标题属性修改为"图书信息"，此时界面效果如图 3-52 所示。

（13）单击"还书"页，依次选择"窗体设计工具"选项卡→"设计"子选项卡→"控件"组内的"文本框"控件和"按钮"控件，在"借书"页绘制两组"标签""文本框"和按钮控件，如图 3-53 所示。接着修改其中的标签和按钮的标题属性为如图 3-54 所示。

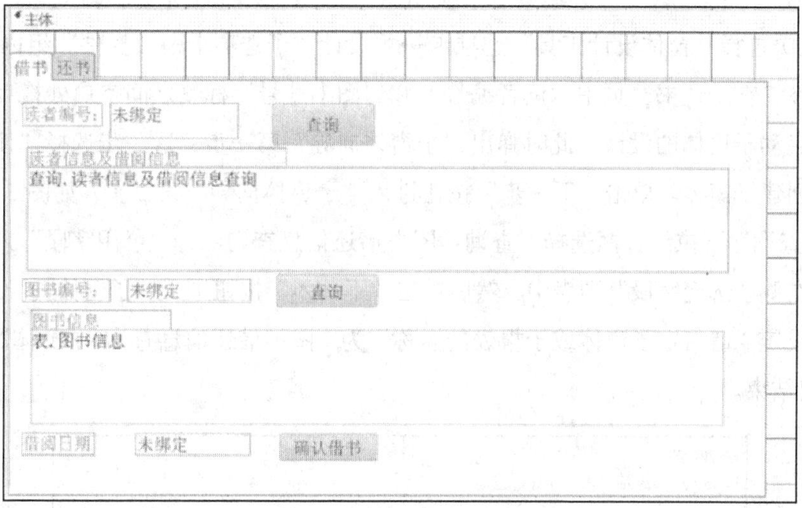

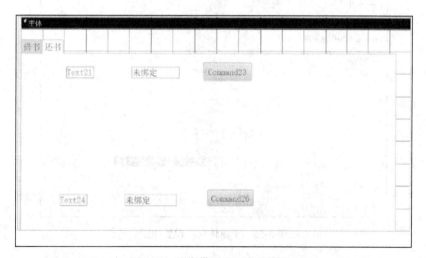

图 3-52　图书借还界面设计效果 5

图 3-53　图书借还界面设计效果 6

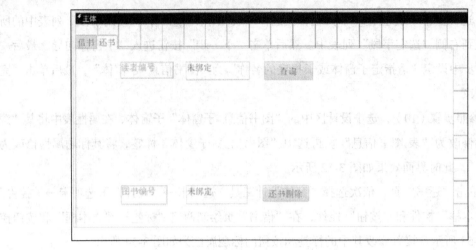

图 3-54　图书借还界面设计效果 7

（14）依次选择"窗体设计工具"选项卡→"设计"子选项卡→"控件"组内的"子窗体/子报表"控件，在"还书"页中"读者编号"和"图书编号"标签之间空白处拖曳绘制一个适当的方框，启动子窗体的设计。此时弹出"子窗体向导"第一步，这一步选择"使用现有的表和查询"来创建子窗体。单击"下一步"按钮进入"子窗体向导"第二步，如图 3-55 所示，这一步中"表/查询"下拉组合框选择"查询：图书借还信息查询"，"可用字段"列表中的所有字段发送到右侧"选定字段"列表中。然后单击"下一步"按钮进入"子窗体向导"最后一步，在这一步中设定"请指定子窗体或子报表的名称"为"图书借还信息查询 子窗体"，最后单击"完成"按钮结束。

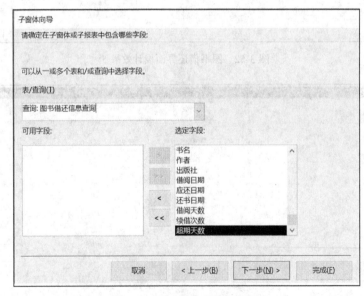

图 3-55　子窗体向导设置画面

（15）选中设计区中的"图书借还信息查询 子窗体"子窗体，在属性表中将其"源对象"

属性修改为"查询.图书借还信息查询"，再选中"图书借还信息查询 子窗体"标签，将其标题属性修改为"图书借还信息"，此时界面效果如图 3-56 所示。

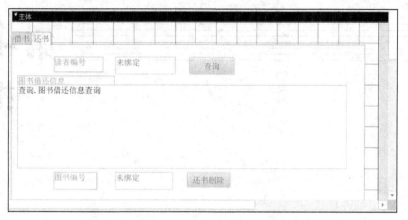

图 3-56　图书借还界面设计效果 8

（16）最后在"窗体页脚"节中绘制一个按钮控件，并将其标题属性改为"返回主界面"。按【Ctrl+S】组合键保存该窗体对象，并命名为"图书借还管理窗体"。单击"视图"选项卡中"视图"下拉按钮，然后将窗体视图从"设计视图"切换到"窗体视图"，查看窗体的参考效果如图 3-57 所示。

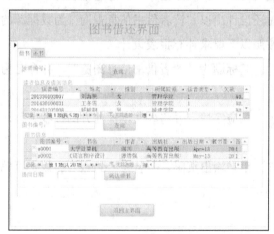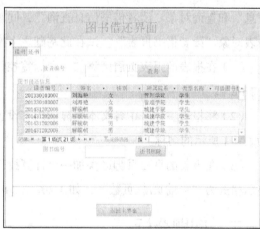

图 3-57　图书借还窗体最终运行效果

四、课后练习

请参照前述的图书借还窗体中的选型卡控件的使用方法，新建一个包含两个选项卡页的窗体，一个选项卡页显示所有的"读者信息"数据表记录，另一个选项卡页显示所有的"图书信息"数据表记录，并运行查看效果。

第4章

报表

实验 1 读者借书报表制作

一、实验任务

在文件夹中存在一个数据库文件"图书管理 accdb",该数据库文件已建立表对象"读者信息"和查询对象"读者借书信息查询",同时还设计出以"读者借书信息查询"为数据源的报表对象"读者借书报表"。试在此基础之上按照以下要求补充报表设计。

（1）在报表的报表页眉区添加一个标签控件，其标题为"读者借书信息浏览"，并命名为"bTitle"。

（2）将报表主体区中各文本框显示内容设置为相应字段，并将各文本框前方的标签名称改为表 4-1 所示的名称。

（3）在报表的页面页脚区添加一个计算控件，用来输出页码。命名为"tPage"，规定页码显示格式为"当前页/总页数"，如 1/20、2/20……

二、问题分析

本实验涉及的知识点包括控件的使用及其属性设置，绑定控件和计算控件的使用。

三、操作步骤

【例 4.1】在"读书借书报表"中掌握对标签控件、文本框控件和计算控件的使用，并完成控件属性设置。具体步骤如下。

（1）打开文件夹下的"图书管理.accdb"数据库。

（2）用鼠标右键单击"读者信息报表"，在弹出的快捷菜单中选择"设计视图"选项，打开报表的"设计视图"。单击"控件"选项组的"标签"按钮，在报表页眉区中拖曳鼠标绘制一个矩形区域，释放鼠标，在矩形框中输入文字"读者借书信息浏览"。单击"标签"控件，单击"工具"选项组中的"属性表"按钮，打开"属性表"任务窗格。在"属性表"任务窗格中选择"全部"选项卡，设置标签的"名称"属性为"bTitle"。

（3）选中主体节中的标题属性为"姓名"的标签控件，打开属性对话框将其名称属性改为"t_name"。同理将其他标签控件的名称属性依次更改为表 4-1 中的名称。

表 4-1　　　　　　　　　　　　　　控件属性名设置

控件标题	控件名
姓名	t_name
性别	t_sex
图书编号	t_number
书名	t_book
出版社	t_publisher
借阅日期	t_rentday
应还日期	t_enday
借阅天数	t_daycount

（4）选中主体节中名为"姓名"的文本框，在"属性表"任务窗格中选择"数据"选项卡，设置控件来源属性为"姓名"字段，如图 4-1 所示。以此类推，将各文本框的控件来源属性设置为相应字段。

图 4-1　设置"tDate"文本框的控件来源

（5）单击"控件"选项组中的"文本框"按钮，在报表页面页脚区中拖曳鼠标绘制一个矩形区域，释放鼠标。单击"文本框"控件，在"属性表"任务窗格中选择"全部"选项卡，设置名称为"tPage"。在数据选项卡"控件来源"属性右侧的文本框中输入"=[Page]& "/"&[Pages]"，如图 4-2 所示。

图 4-2　设置"tPage"文本框的控件来源

（6）单击快速访问工具栏中的"保存"按钮，保存该表。

四、课后练习

以"读者信息"数据表为数据源，分别使用"报表"方式和"报表向导"方式自动生成一个读者信息报表，试比较两种方式的区别，并运行查看效果。

实验 2　图书信息报表制作

一、实验任务

在文件夹中存在一个数据库"图书管理.accdb"，该数据库已经建立了表对象"图书信息"，同时还设计出以"图书信息"为数据源的报表对象"图书信息报表"。试在此基础上按照以下要求补充报表设计。

（1）在报表的报表页眉区添加一个标签控件，其名称为"bTitle"，标题显示为"图书信息报表"，字体名称为"宋体"，字体大小为 22，字体粗细为"加粗"，倾斜字体为"是"。

（2）在"作者"字段标题对应的报表主体区添加一个控件，显示出"作者"字段值，并命名为"tName"。

（3）在报表的报表页脚区添加一个计算控件，要求依据"图书编号"来计算并显示图书的个数。计算空间放置在"图书数目"标签的右侧，计算控件命名为"bCount"。

（4）将报表标题设置为"图书信息报表"。

不允许改动数据库文件中的表对象"图书信息"，同时也不允许修改报表对象"图书信息报表"中已有的控件和属性。

二、问题分析

本实验涉及的知识点包括标签控件的使用，绑定控件，计算控件的使用及报表的属性设置。

三、操作步骤

【例 4.2】在"图书信息报表"中掌握对标签控件、文本框绑定控件和计算控件的使用，并完成报表及控件属性设置。具体步骤如下。

（1）打开文件夹下的"图书管理.accdb"数据库。

（2）用鼠标右键单击"图书信息报表"报表，在弹出的快捷菜单中选择"设计视图"选项，打开报表"设计视图"。单击"控件"选项组中的"标签"按钮，在该报表页眉区中拖曳鼠标绘制一个矩形区域，在矩形框中输入文字"图书信息报表"。选中该"标签"控件，单击"工具"选项组中的"属性表"按钮，打开"属性表"任务窗格，选择"全部"选项卡，设置标签的"名称"为"bTitle"，设置"字体"属性为"宋体"，"字体大小"为 22，"字体粗细"属性为"加粗"，"倾斜字体"选择"是"选项。属性设置如图 4-3 所示。

（3）单击"控件"选项组中的"文本框"按钮，在"作者"字段标题对应的报表主体区中拖曳鼠标绘制一个矩形区域，释放鼠标。选中"文本框"控件，在"属性表"任务窗格中选择"全部"选项卡，设置文本框的"名称"属性为"tName"，设置"控件来源"属性为"作者"字段，属性设如图 4-4 所示。

图 4-3　属性设置窗口 1

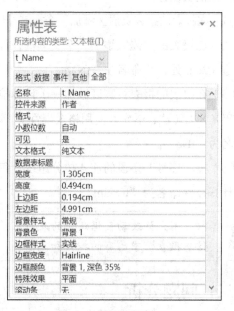

图 4-4　属性设置窗口 2

（4）单击"控件"选项组中的"文本框"按钮，在报表页脚中"图书数目"标签的右侧按住【Ctrl】键拖曳鼠标绘制一个矩形区域，释放鼠标。选中该"文本框"控件，在属性表的任务窗格中选择"全部"选项卡，设置文本框的"名称"属性为"bCount"，在"控件来源"属性右侧的文本框中输入"=Count([图书编号])"。

（5）双击"报表选定器"，打开报表"属性表"任务窗格，在"格式"选项卡下，设置标题属性为"图书信息报表"。

（6）单击快捷访问工具栏中的"保存"按钮，保存报表。

四、课后练习

以"报表设计"方式新建一个空报表，在此基础上用各类报表控件设计出一个与上述"图书信息报表"报表一样的报表，并运行查看效果。

实验3 读者信息报表制作

一、实验任务

在文件夹中存在一个数据库"图书管理.accdb"，该数据库已经建立了表对象"读者信息"，同时还设计出以"读者信息"为数据源的报表对象"读者信息报表"。试在此基础上按照以下要求补充报表设计。

（1）在报表的报表页眉区添加一个标签控件，其名称为"bTitle"，标题显示为"读者信息"。

（2）在报表的主体区添加一个文本框控件，显示姓名字段。该控件放置在距上边 0.1cm、距左边 3.2cm 处，并命名为"tName"。

（3）在报表的报表页脚区添加一个计算控件，显示系统的年、月、日，显示格式为：××××年××月（注：不允许使用格式属性）。计算控件放置在距上边 0.3cm、距左边 10.5cm 处，并命名为"tDa"。

（4）按"编号"字段的前 4 位分组统计每组记录的民族数量，并将统计结果显示在组页脚区。计算控件命名为"tCount"。

 不允许改动数据库中的表对象"读者信息"，同时也不允许修改报表对象"读者信息报表"中已有的控件和属性。

二、问题分析

本实验涉及的知识点包括标签控件的使用、绑定控件、计算控件的使用及分组统计。

三、操作步骤

【例4.3】在"读者信息报表"中掌握标签控件、文本框绑定控件和分组统计计算控件的使用方法，并完成报表及控件属性设置。具体步骤如下。

（1）打开文件夹下的"图书管理.accdb"数据库。

（2）用鼠标右键单击"读者信息报表"报表，在弹出的快捷菜单中选择"设计视图"选项，打开报表"设计视图"。单击"控件"选项组中的"标签"按钮，在该报表页眉区中拖曳鼠标绘制一个矩形区域，在矩形中输入文字"读者信息报表"。选中该"标签"控件，单击"工具"选项组中的"属性表"按钮，打开"属性表"任务窗格，选择"全部"选项卡，设置标签的"名称"为"bTitle"。

（3）单击"控件"选项组中的"文本框"按钮，在报表主体区中拖曳鼠标绘制一个矩形区域，释放鼠标。选中该"文本框"控件，在属性表的任务窗格中选择"全部"选项卡，设置文本框的"名称"属性为"tName"。选择"格式"选项卡，设置"上边距"属性为"0.1cm"，"左边距"属性为"3.2cm"。选择"数据"选项卡，设置"控件来源"属性为"姓名"字段。

（4）单击"控件"选项组中的"文本框"按钮，在报表页面页脚区中拖曳鼠标绘制一个矩形区域，释放鼠标。选中该"文本框"控件，在属性表的任务窗格中选择"全部"选项卡，设置文本框的"名称"属性为"tDa"。选择"格式"选项卡，设置"上边距"属性为"0.1cm"，"左边距"属性为"10.5cm"。选择"数据"项卡，在"控件来源"属性右侧的文本框中输入"=Year(Date())&"年"&Month(Date())&"月""。

（5）单击"分组与汇总"选项组中的"分期和排序"按钮，弹出"分组、排序和汇总"窗口。单击"添加组"按钮，选择"选择字段"下拉列表中的"读者编号"字段，如图4-5所示。单击"更多"按钮，打开更多选项。单击"按整个值"右侧的下拉箭头，选择"自定义"选项，并设置"字符"为4，如图4-6所示。设置页眉节为"无页眉节"，页脚节为"有页脚节"，如图4-7所示。

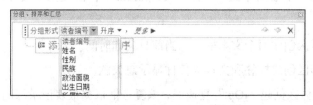

图4-5 选择分组字段为"读者编号"

图4-6 设置分组依据

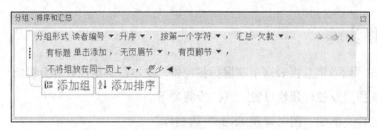

图 4-7　设置页眉节页脚节

（6）单击"控件"选项组中的"文本框"按钮，在组页脚区中拖曳鼠标绘制一个矩形区域，释放鼠标。选中该"文本框"控件，在属性表的任务窗格中选择"全部"选项卡，设置文本框的"名称"属性为"tCount"。选择"数据"选项卡，在"控件来源"属性右侧的文本框中输入"=Count([民族])"。

（7）单击快捷访问工具栏中的"保存"按钮，保存报表。

四、课后练习

1. 按"姓名"字段的姓氏分组统计每组记录的性别数量，并将统计结果显示在组页脚区，并运行查看效果。

2. 在报表的报表页眉区添加一个计算控件，显示系统当前时间，显示格式为："当前时间 HH:MM:SS"。

实验 4　报表中计算控件和复选框的使用

一、实验任务

在文件夹中存在一个数据库文件"图书管理.accdb"，该数据库文件已经建立了报表对象"读者信息报表 2"。

（1）在报表页眉区创建两个文本框显示当前日期和时间。

（2）在报表页脚区创建标签和文本框控件显示总欠款。

（3）在报表"主体区创建"tOpt"复选框，该复选框依据报表记录源的"性别"字段和"出生日期"字段的值来显示状态信息（注：性别为"女"且出生日期在 1995 年之后的显示为选中的勾选状态，否则显示为不选中的空白状态）。

二、问题分析

本实验涉及的知识点包括报表中各种计算控件（文本框和复选框）及 IIF() 函数的使用。

三、操作步骤

【例 4.4】在"读者信息报表 2"中掌握对标签控件、文本框绑定控件和复选框等计算控件的使用,并利用各种函数设置完成计算控件的输出值。具体步骤如下。

(1)打开文件夹下的"图书管理.accdb"数据库。

(2)用鼠标右键单击"读者信息报表 2",在弹出的快捷菜单中选择"设计视图"选项,打开报表的"设计视图"。在报表页眉区右侧,绘制两个文本框控件,然后双击文本框控件打开"属性表"任务窗格,在"数据"选项卡下"控件来源"属性右侧的文本框中输入"=Date()"和"=Time()"。

(3)在报表页脚区右侧,绘制一个标签控件和文本框控件,然后双击标签控件,打开"属性表"任务窗格,在"全部"选项卡下"标题"属性右侧的文本框中输入"总计欠款"。再双击文本框控件打开"属性表"任务窗格,在"数据"选项卡下"控件来源"属性右侧的文本框中输入"=Sum([欠款])"。

(4)单击主体区"tOpt"复选框,单击"工具"选项组中的"属性表"按钮,打开"属性表"任务窗格。在"数据"选项卡下"控件来源"属性右侧的文本框中输入"=IIF([性别]= "女" And [出生日期]>1995,True,False)",属性设置如图 4-8 所示。单击快速访问工具栏中的"保存"按钮,保存报表。

图 4-8　设置复选框的控件来源

四、课后练习

1. 在上述实验报表的基础上,在报表页脚区创建标签和文本框控件显示不同政治面貌的人数。

2. 在页面页眉节创建"是否欠款"的标签，并在主体节中创建对应的复选框，用来标注某个人是否有欠款。若有欠款，则勾选复选框；否则，不勾选复选框。

实验 5 报表中排序和页码设计

一、实验任务

在文件夹中存在一个数据库文件"图书管理.accdb"，该数据库文件已建立报表对象"读者信息报表 3"。试按以下功能要求补充设计。

（1）将报表记录数据按照先姓名升序、再出生日期降序排列显示。

（2）设置相关属性，将页面页脚区域内名为"Text14"的文本框控件实现按以下格式的页码输出："1/20""2/20""3/20"……"20/20"。

二、问题分析

本实验涉及的知识点包括报表中记录排序功能的设置和页码输出。

三、操作步骤

【例 4.5】在"读者信息报表 3"中掌握报表记录排序和页码输出方法，并完成报表及控件属性设置。具体步骤如下。

（1）打开文件夹下的"图书管理.accdb"数据库。

（2）用鼠标右键单击"读者信息报表 3"，在弹出的快捷菜单中选择"设计视图"选项，打开"读者信息报表 3"的"设计视图"。单击"分组和汇总"选项组的"分组和排序"按钮，弹出"分组、排序和汇总"窗口。单击"添加排序"按钮，选择"排序依据"为"姓名"，"排序次序"设置为"升序"；再单击"添加排序"按钮，选择"排序依据"为"出生日期"，"排序次序"设置为"降序"，设置结果如图 4-9 所示。

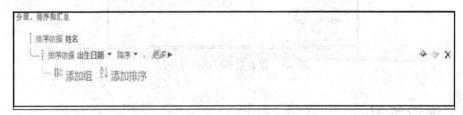

图 4-9 设置报表中数据的排序次序

（3）单击页面页脚区，绘制一个文本框，并命名为"Text14"，单击"工具"选项组中的

"属性表"按钮，打开"属性表"任务窗格。在"数据"选项卡"控件来源"属性右侧的文本框中输入"=[Page]& "/"&[Pages]"。单击快速访问工具栏中的"保存"按钮，保存该表。

四、课后练习

1. 在上述实验报表的基础上，将报表记录数据按照先"所属院系"升序、再按"欠款"降序排列显示。

2. 设置相关属性，将页面页脚区域内名为"Text14"的文本框控件实现以下格式的页码输出："第 1 页/共 20 页""第 2 页/共 20 页""第 3 页/共 20 页"……"第 20 页/共 20 页"。

实验 6　管理员信息报表制作

一、实验任务

（1）将报表"管理员信息"的报表页眉区名为"bTitle"的标签控件的标题显示设置为"管理员基本信息表"，同时将其安排在距上边 0.5cm、距左侧 5cm 的位置。

（2）设置报表"管理员信息"的主体区内"Text1"～"Text4"文本框分别显示"编号""姓名""性别"和"密码"字段的数据。

（3）将报表对象"管理员信息"的记录源属性设置为表对象"tAdmin"。

（4）在页面页脚区用文本框显示"共 * 页，第 * 页"信息。

（5）在报表页脚区用文本框显示总人数。

二、问题分析

本实验涉及的知识点包括报表及各种控件属性的设置，特别是计算控件的设置。

三、操作步骤

【例 4.6】在"管理员信息"报表中掌握报表中各种控件属性设置，并用文本框控件实现计算统计报表的功能。具体步骤如下。

（1）打开文件夹下的"图书管理.accdb"数据库。

（2）用鼠标右键单击"管理员信息"报表，在弹出的快捷菜单中选择"设计视图"选项，打开报表的"设计视图"。单击"bTitle"标签，单击"工具"选项组中的"属性表"按钮，打开"属性表"任务窗格。在"格式"选项卡下设置"标题"属性为"管理员基本信息表"，"上边距"属性为"0.5cm"，"左边距"属性为"5cm"。

（3）依次单击选中主体区的"Text1"至"Text4"文本框控件，在"属性表"任务窗格中选择"数据"选项卡，设置"控件来源"属性分别为"编号""姓名""性别"和"密码"字段。

（4）双击"报表选定器"，打开报表"属性表"任务窗格。在"数据"选项卡下设置"记录源"属性为表"tAdmin"。

（5）选择"文本框"控件在页面页脚区绘制一个文本框控件，在"属性表"任务窗格中选择"数据"选项卡，设置"控件来源"属性为"="共" & [Pages] & "页，第" & [Page] & "页""。

（6）选择"文本框"控件在报表页脚区绘制一个文本框控件，在"属性表"任务窗格中选择"数据"选项卡，设置"控件来源"属性为"=Count(*)"。单击快速访问工具栏中的"保存"按钮，保存报表。

四、课后练习

参照上述的管理员信息表的形式，创建一个打印"图书借阅信息"数据表记录的报表。

实验 7   读者信息报表制作

一、实验任务

设置报表"读者信息报表 4"按照"性别"字段升序（先男后女）排列输出，将报表页面页脚区内名为"tPage"的文本框控件设置为以"-页码/总页数-"的形式来显示页码（如-1/15-、-2/15-……）。

二、问题分析

本实验涉及的知识点包括报表对象中排序和计算控件的使用。

三、操作步骤

【例 4.7】在"读者信息报表 4"中掌握报表记录多重排序和页码输出方法，并完成报表及控件属性设置。具体步骤如下。

（1）打开文件夹下的"图书管理.accdb"数据库。

（2）用鼠标右键单击"读者信息报表 4"报表，在弹出的快捷菜单中选择"设计视图"选项，打开表"读者信息报表 4"的"设计视图"。单击"分组和汇总"选项组中的"分组和排序"按钮，弹出"分组、排序和汇总"窗口。单击"添加排序"按钮，选择排序依据为"性别"，"排序次序"设置为"升序"。

（3）单击报表页面页脚区的文本框"tPage"，单击"工具"选项组中的"属性表"按钮，打开"属性表"任务窗格。在"数据"选项卡"控件来源"属性右侧的文本框中输入"="-"&[Page]& "/"&[Pages]& "-""。单击快速访问工具栏中的"保存"按钮，保存该表。

四、课后练习

1. 在上述报表的基础上，将报表记录数据先按照"民族"进行分组，然后每个组中记录再按"出生日期"降序排列显示。

2. 在报表页脚区域显示总欠款人数。

第5章
宏的创建与应用

实验 1　独立宏的创建与应用

一、实验任务

在文件夹中存放有"图书管理"数据库（文件名为图书管理.accdb），要求利用宏完成如下功能。

（1）打开"图书管理"数据库时自动打开"登录界面窗体"。

（2）"图书管理"数据库系统的"主界面窗体"上，有"读者管理"按钮、"图书管理"按钮和"图书借还管理"按钮。这 3 个按钮的功能分别是：单击"读者管理"按钮则打开"读者信息管理窗体"；单击"图书管理"按钮则打开"图书管理窗体"；单击"图书借还管理"按钮则打开"图书借还管理窗体"。

二、问题分析

本实验的目的是帮助读者理解和掌握自动运行宏和宏组的创建和应用。能够在图书管理应用系统启动时自动运行的操作只能由自动运行宏来实现。"读者管理"按钮、"图书管理"按钮和"图书借还管理"按钮的功能都可以利用独立宏来实现。因为这 3 个按钮的功能类似，因此可以将 3 个按钮各自的事件宏作为子宏保存在一个宏组里面，便于管理和应用。

三、操作步骤

【例 5.1】创建宏实现打开"图书管理"数据库时自动打开"登录界面窗体"。具体步骤如下。

（1）打开"图书管理"数据库，单击"创建"选项卡下"宏与代码"选项组中的"宏"按钮，打开宏的设计视图，如图 5-1 所示。

图 5-1　宏的设计视图

（2）从"添加新操作"输入框右侧的下拉列表中选择"OpenForm"选项，在操作参数区的
"窗体名称"参数框中选择"登录界面窗体"，如图 5-2 所示。

图 5-2　OpenForm 命令设计界面

（3）单击快速访问工具栏上的"保存"按钮，在弹出的"另存为"对话框中输入宏名称
"autoexec"，如图 5-3 所示。单击"另存为"对话框的"确定"按钮保存自动运行宏。然后关
闭宏设计视图。

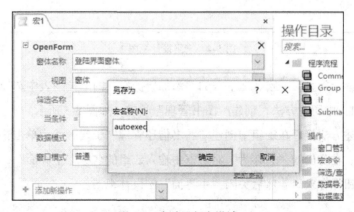

图 5-3　自动运行宏设计

【例 5.2】创建宏实现"主界面窗体"上，"读者管理"按钮、"图书管理"按钮和"图书借还管理"按钮功能的具体步骤如下。

（1）单击"创建"选项卡下"宏与代码"选项组中的"宏"按钮，打开宏的设计视图，在"添加新操作"的下拉列表中选择"Submacro"命令，在"子宏："文本框中输入子宏名"读者信息"（说明：设置子宏名与"读者信息"按钮标题相同，这样便于按钮与宏的对应辨识）。在子宏块内部分别执行"添加新操作""OpenForm"命令和"CloseWindow"命令。其中，"OpenForm"命令参数区的"窗体名称"参数从下拉列表中选择"读者信息管理窗体"，"CloseWindow"命令参数区的"对象类型"参数从下拉列表中选择"窗体"，"对象名称"参数从下拉列表中选择"主界面窗体"，如图 5-4 所示。

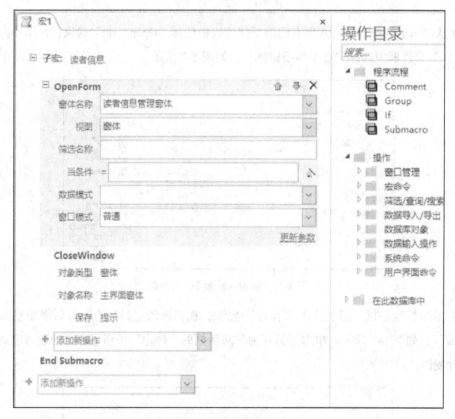

图 5-4　宏组设计视图 1

（2）折叠"读者信息"子宏，在下方的"添加新操作"的下拉列表中选择"Submacro"选项，重复步骤（1）中所述方法，创建"图书管理"子宏，如图 5-5 所示。

（3）重复上述方法接着在宏组中创建"图书借还管理"子宏，然后单击快速访问工具栏中的"保存"按钮，在弹出的"另存为"对话框中输入宏组的名称"主界面"，如图 5-6 所示。单击"确定"按钮保存宏组。然后关闭"主界面"宏设计视图。

图 5-5 宏组设计视图 2

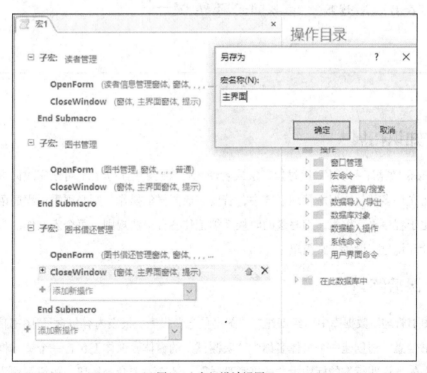

图 5-6 宏组设计视图 3

（4）在导航窗格中的"窗体"组中（如果"窗体"组处于折叠状态，请先展开"窗体"组）右击"主界面窗体"，在弹出的快捷菜单中选择"设计视图"选项，打开"主界面窗体"的设计视图，选择"读者管理"按钮控件，在其"单击"事件属性文本框中单击下拉列表按钮，从下拉列表中选择子宏"主界面.读者管理"，如图 5-7 所示。接着选择"图书管理"按钮控件，设置其"单击"事件属性为子宏"主界面.图书管理"，再选择"图书借还管理"按钮控件，设置其"单击"事件属性为子宏"主界面.图书借还管理"。单击快速访问工具栏上的"保存"按钮，完成这 3 个按钮的功能设计。打开"主界面窗体"的窗体视图，检测按钮功能是否正常。

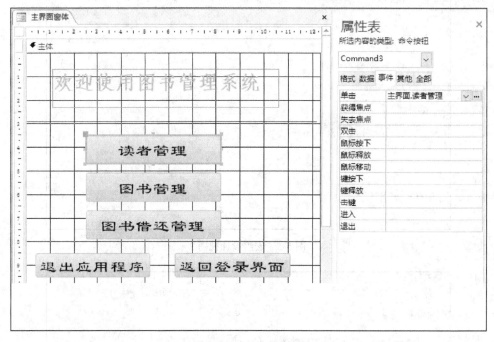

图 5-7　独立宏的应用

四、知识拓展

在 Access 数据库系统中，通过执行宏或者使用包含宏的用户界面，可以完成许多复杂的人工操作；而在许多其他数据库管理系统中，若要完成同样的操作，则必须采用程序语言编程的方法。相比于程序语言编程，编写宏的时候无须记住各种语法规则，每个宏操作的参数都显示在宏的设计环境里，设置非常简单。

五、课后练习

在"图书管理"数据库中已经创建好"图书信息"报表，报表内容包含 "图书信息"表中的所有图书信息。请创建一个窗体名称为"宏测试"的窗体，窗体上包含一个文本框控件，文本框控件左侧的说明标签的标题为"图书类型号"；还有一个命令按钮，按钮标题为"报表输出"，如图 5-8 所示。"报表输出"按钮的功能是，以窗体上文本框中输入的图书类型号作为筛选条件，打开经过筛选的"图书信息"报表。按钮功能利用独立宏实现，宏名称为"m1"（提示：创建并保存一个筛选图书信息的参数查询作为宏操作的参数，参数查询的条件参数引用"宏测试"窗体上文本框输入的值）。

图 5-8　"宏测试"窗体视图

实验 2　嵌入宏的创建与应用

一、实验任务

在文件夹中存放有"图书管理"数据库（文件名为图书管理.accdb），要求利用宏完成如下功能。

（1）单击"主界面窗体"上的"返回登录界面"按钮，即可退出"主界面窗体"并打开"登录界面窗体"。

（2）单击"主界面窗体"上的"退出应用程序"按钮，即可弹出消息框，消息框上只有"是"或"否"两个按钮，消息框提示内容为"确认要退出吗？"并显示"问号"图标，消息框的标题信息为"退出提示框"。单击消息框的"否"按钮，则消息框关闭；单击消息框的"是"按钮，则关闭"主界面窗体"，退出应用程序。

（3）"图书管理"数据库中有"图书馆藏信息"表，其中"在馆数量"字段值显示图书剩余的册数，"状态"字段值为"在馆"或"借出"。请对"图书馆藏信息"表添加自定义完整性约束，确保"在馆数量"字段值大于 0 时，"状态"字段值只能是"在馆"：而"在馆数量"字段值为 0 时，"状态"字段值只能是"借出"。

二、问题分析

本实验的目的是帮助读者掌握嵌入宏的概念和使用方法。嵌入宏会嵌入到对象的事件属性中，成为对象的一部分，只能被该对象的事件触发而运行。"退出应用程序"按钮中的是否逻辑判断选择功能，可利用条件宏来完成。

在表对象的自定义完整性约束中，是用表的验证规则来表达字段之间的约束关系。一个表对象只有一条表的验证规则，且其表达式中只能进行简单、直接的逻辑比较，不能进行多重分支判断。因此，本实验中对"图书馆藏信息"表的自定义完整性约束可通过嵌入到表对象中的数据宏来完成。

三、操作步骤

【例5.3】创建宏实现"主界面窗体"上"返回登录界面"按钮的功能。具体步骤如下。

（1）在导航窗格中的"窗体"组中（如果"窗体"组处于折叠状态，请先展开组）右击"主界面窗体"，在弹出的快捷菜单中选择"设计视图"选项，打开"主界面窗体"的设计视图。选择"返回登录界面"按钮控件，在其"单击"事件属性文本框中单击最右侧的按钮，弹出"选择生成器"对话框，如图5-9所示。选择宏生成器，单击"确定"按钮，进入"返回登录界面"按钮的单击事件嵌入宏设计视图（说明：此处"返回登录界面"按钮的名称属性是Command8）。

图5-9 "选择生成器"对话框

（2）在"返回登录界面"按钮的嵌入宏设计视图中执行"添加新操作""OpenForm"命令和"CloseWindow"命令，其中，"OpenForm"命令参数区的"窗体名称"参数从下拉列表中选择"登录界面窗体"，"CloseWindow"命令参数区的"对象类型"参数从下拉列表中选择"窗体"，"对象名称"参数从下拉列表中选择"主界面窗体"，如图 5-10 所示。单击快速访问工具栏上的"保存"按钮保存宏设计，然后关闭嵌入宏设计视图返回"主界面窗体"设计视图。

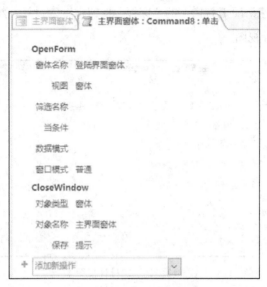

图 5-10　嵌入宏设计视图

【例 5.4】创建宏实现"主界面窗体"上"退出应用程序"按钮的功能。具体步骤如下。

（1）在"主界面窗体"的设计视图上选择"退出应用程序"按钮控件，进入"退出应用程序"按钮的单击事件嵌入宏设计视图（说明：此处"退出应用程序"按钮的名称属性是Command7）。在"添加新操作"的下拉列表中选择"If"命令，向宏中添加条件判断分支结构，如图 5-11 所示。

图 5-11　条件宏的创建

（2）在条件表达式文本框中输入"Msgbox("确认要退出吗？",4+32,"退出提示框")=6"。注意，条件表达式中除了中文文字外，其他字符和标点符号必须在英文输入法状态下输入，否则会出现语法错误。在"Then"下方执行"添加新操作""CloseWindow"，其命令参数区的"对象类型"参数从下拉列表中选择"窗体"，"对象名称"参数从下拉列表中选择"主界面窗体"，如图 5-12 所示。单击快速访问工具栏上的"保存"按钮保存宏设计，然后关闭嵌入宏设计视图返回"主界面窗体"设计视图。

图 5-12　数据宏设计视图 1

（3）单击"开始"选项卡"视图"选项组中的"视图"按钮进入"主界面窗体"的窗体视图，检测按钮功能是否正常。然后关闭"主界面窗体"窗体视图。

【例 5.5】利用数据宏添加对"图书馆藏信息"表的自定义完整性约束。具体步骤如下。

（1）打开"图书馆藏信息"表的数据表视图，在表格工具"表"选项卡"前期事件"选项组中，单击"更改前"按钮，进入"图书馆藏信息：更改前："数据宏设计视图，在"添加新操作"输入框中选择"If"命令；再在"If"块内部单击"添加 Else If"按钮，添加第二重条件判断。

（2）在"If"条件表达式文本框中输入"[在馆数量] >0 and [状态] <> "在馆""，在"添加新操作"中选择"RaiseError"选项，在其参数区的"错误号"文本框中输入"1"，"错误描述"文本框中输入"图书状态应为"在馆"，如图 5-13 所示。

（3）在"Else If"条件表达式文本框中输入"[在馆数量] =0 and [状态] <> "借出""，在"添加新操作"中选择"RaiseError"命令，其参数区的"错误号"文本框中输入"2"，"错误描述"文本框中输入"图书状态应为'借出'"，如图 5-13 所示。单击快速访问工具栏上的"保存"按钮，再关闭"图书馆藏信息：更改前："数据宏设计视图返回"图书馆藏信息"数据表视图。

（4）如果在"图书馆藏信息"表中输入的数据违反自定义完整性约束，错误信息提示对话框将会弹出，并禁止错误数据的输入，如图 5-14 所示。

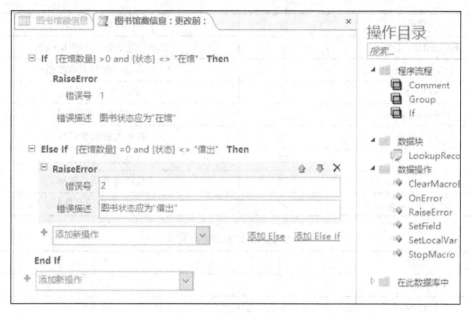

图 5-13　数据宏设计视图 2

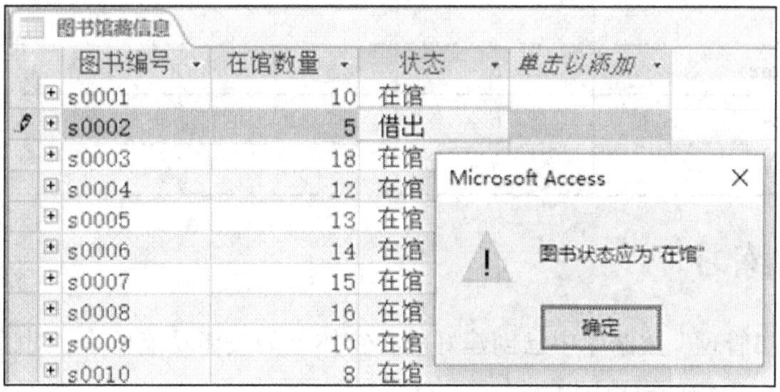

图 5-14　数据宏的应用

四、知识拓展

在条件宏的条件表达式中可以使用消息框函数 MsgBox()。在 VBA 程序中，MsgBox()函数的按钮类型、图标种类参数以及函数的返回值都可以用便于记忆及理解的常量来表示。但在条件宏中，这些参数和返回值只能用数值表示。MsgBox()函数的按钮参数对照表和返回值对照表如表 5-1 和表 5-2 所示。

表 5-1　　　　　　　　　　　　　MsgBox()函数按钮参数对照表

常量	值	说明
vbOKOnly	0	显示仅确定按钮
vbOKCancel	1	显示确定和取消按钮

常量	值	说明
vbAbortRetryIgnore	2	显示中止、重试和忽略按钮
vbYesNoCancel	3	显示是、否和取消按钮
vbYesNo	4	显示是和否按钮
vbRetryCancel	5	显示重试和取消按钮
vbCritical	16	显示关键消息图标
vbQuestion	32	显示问号图标
vbExclamation	48	显示警告消息图标
vbInformation	64	显示信息性消息图标

表 5-2   MsgBox()函数返回值对照表

常量	值	说明
vbOK	1	确定
vbCancel	2	取消
vbAbort	3	中止
vbRetry	4	重试
vbIgnore	5	忽略
vbYes	6	是
vbNo	7	否

五、课后练习

1. 分析"图书管理"数据库中已创建好的各窗体上的按钮功能要求，对适合用宏来完成的功能要求利用嵌入宏完成功能实现。

2. 在"图书信息"表中，要求"藏书量"不为 0 的图书记录不允许被删除。若有误操作，则弹出错误信息提示框，提示内容为"藏书量不为 0，记录不能删除"，并中止对相应记录的删除操作。请用数据宏实现上述要求。

第6章
模块与 VBA 程序设计

实验 1   两位数加法题

一、实验任务

新建模块，编写程序完成随机出一道两位数加法题让学生回答，若答对，则显示"正确！"；若答错，则显示"错误！"。

二、问题分析

该问题的几个关键点在于学会使用生成随机数的方法，以及掌握人机交互的方法。最后，对于答题正确与否，显示两种结果则需要使用分支结构。

三、操作步骤

（1）新建数据库 Database1，单击"数据库工具"选项卡下的宏——Visual Basic 按钮，进入 VBE 界面，如图 6-1 所示。

（2）在"插入"菜单下选择"模块"选项，生成新模块"模块 1"，如图 6-2 所示。

（3）在模块 1 代码窗口书写程序代码如下：

```
Sub test ( )
    Dim a As Integer , b As Integer
    Dim nSum As Integer
    a = 10 + Int( Rnd()* 90 )
    b = 10 + Int( Rnd() * 90 )
    nSum =val( InputBox ( a & " + " & b & " = ? " , " 加法 " ))
    If  nSum = a + b Then MsgBox ( " 正确！ " )
    If  nSum < > a + b Then MsgBox ( " 错误！ " )
End  Sub
```

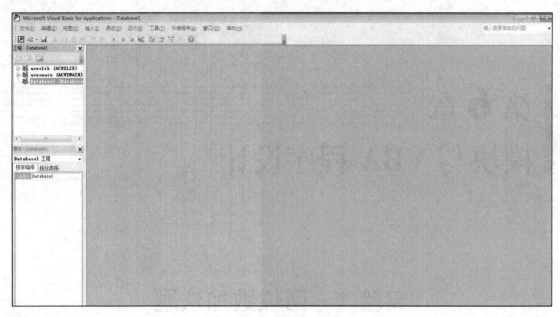

图 6-1　VBE 界面

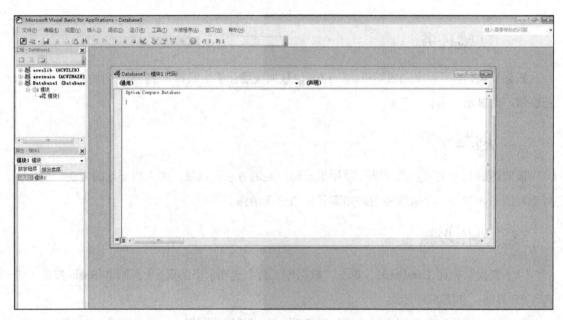

图 6-2　生成模块

（4）执行"运行"菜单下的"运行子过程/用户窗体"命令，可执行程序，如图 6-3 所示。

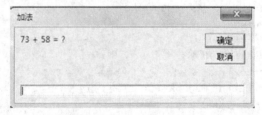

图 6-3　Inputbox 输入窗口

（5）输入正确，则弹出如下窗口，如图 6-4 所示。

（6）输入错误，则弹出如下窗口，如图 6-5 所示。

图 6-4　Msgbox 显示输入正确的窗口　　　　图 6-5　Msgbox 显示输入错误窗口

四、知识拓展

本次编程实验可帮助读者熟悉 Access 生成随机数的函数 rnd()，rnd() 函数可以生成 0～1 中的随机数，所以做 10 + Int(Rnd()* 90)变换可以生成两位整数。输入结果的窗口用 Inputbox() 函数实现，需要注意的是，Inputbox() 函数接收字符型的数据，因此输入结果作为外层 VAL() 函数的输入值，返回数值型。后面用到两条一路分支语句，实现了二路分支的功能。在后期掌握了二路分支结构后，这一部分请读者自行改写。

五、课后练习

编写程序实现求任意半径的圆面积（要求及提示：输入半径用 Inputbox() 函数实现，输出面积用 Msgbox() 函数实现。如果输入正数，则显示圆面积；如果输入负数，则显示"输入错误！"）。

实验 2　计算购买水果的金额

一、实验任务

新建模块，编写程序完成：输入购买水果数量及单价，如果购买三斤及以上就打七折，计算并输出购买金额。

二、问题分析

购买水果的数量分成购买三斤以内以及不少于三斤两种情况，所以此程序的关键在于掌握二路分支结构的用法。最后的输出直接在立即窗口显示（注：不使用 Msgbox() 函数）。

三、操作步骤

（1）打开本章实验 1 中创建的数据库 Database1，并插入新的模块"模块 2"。

（2）在模块 2 的代码窗口书写程序代码如下：

```
Sub  buy ( )
    Dim qty As Integer , price As Single
    Dim money As Single
    qty =val( InputBox ( "请输入购买斤数" , "购买数量" ))
    price =val( InputBox ( "请输入单价" , "单价" ))
    If  qty < 3 then
        money = price * qty
    Else
        money = price * qty * 0.7
    End If
    Debug.Print  "购买金额 = " + Str( money ) + "元"
End  Sub
```

（3）单击"视图"菜单下"立即窗口"按钮，打开立即窗口，再执行程序，如图 6-6 所示。

图 6-6　Inputbox 输入窗口 1

（4）输入斤数后，输入单价，如图 6-7 所示。

图 6-7　Inputbox 输入窗口 2

（5）若输入斤数 2，单价 4.5，则立即窗口显示如图 6-8 所示。

图 6-8　立即窗口 1

（6）若输入斤数 5，单价 6，则立即窗口显示如图 6-9 所示。

图 6-9　立即窗口 2

四、课后练习

编写程序实现求任意一元二次方程的实数根（要求及提示：二元一次方程的实根分为有两个不同实根、有两个相等实根以及没有实根 3 种情况，所以需要使用多路分支结构）。

实验 3　求任意整数的阶乘

一、实验任务

新建模块，编写程序求任意整数的阶乘。

二、问题分析

完成本实验需要使用循环结构，如何设置循环控制变量是解决该问题的关键。对于能提前确定循环次数的循环结构，采用 For…Next 循环比较有利。

三、操作步骤

（1）打开本章实验 1 中创建的数据库 Database1，并插入新的模块"模块 3"。

（2）在模块 3 的代码窗口书写程序代码如下：

```
Sub jc()
    Dim p  As Long, m As Integer
    m = Val(InputBox("请输入需要求阶乘的数：", "求阶乘"))
    p = 1
    For i = 1 To m
        p = p * i
    Next i
    Debug.Print  Str(m) & "的阶乘p = " & p
End Sub
```

（3）单击"视图"菜单下的"立即窗口"按钮，打开立即窗口，再执行程序，如图 6-10 所示。

（4）输入 7 后，结果如图 6-11 所示。

图 6-10　Inputbox 输入窗口 3

图 6-11　立即窗口 3

四、课后练习

1. 试用 Do　While…Loop 循环完成求任意正整数阶乘的程序。

2. 试用 Do　Until…Loop 循环完成求任意正整数阶乘的程序。

3. 求解斐波那契数列的前 30 项的值，将结果存储在一维数组 f 中，并要求将结果在立即窗口中输出（提示：斐波那契数列的定义为 $f(1)=1,f(2)=1,f(n)=f(n-1)+f(n-2)$，$n \geqslant 3$）。

实验 4　两个数的四则运算

一、实验任务

建立图 6-12 所示的"简易计算器"窗体，实现两个数的四则运算。

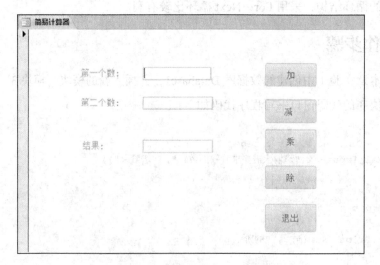

图 6-12　"简易计算器"窗体

二、问题分析

　　此次实验考察的是面向对象编程的基本能力。解决问题的关键是在各命令按钮控件的单击事件下写出正确的过程代码，以实现相应的功能。

三、操作步骤

　　（1）请自行建立图 6-12 所示的窗体，注意窗体的标题属性设置为"简易计算器"，窗体包含 3 个文本框、3 个标签、5 个按钮控件，并设置好相应属性。

　　（2）单击 Command22 按钮（即标题属性为"加"的按钮），在"属性表"对话框中选择"事件"选项卡，如图 6-13 所示。

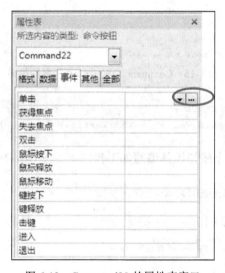

图 6-13　Command22 的属性表窗口

　　（3）在图 6-13 中单击右侧的 ⋯ 按钮，在"选择生成器"中选择"代码生成器"，如图 6-14 所示。

图 6-14　选择生成器

（4）在 Command22 的 "Click" 事件代码窗口中编写如下代码（见图 6-15）：

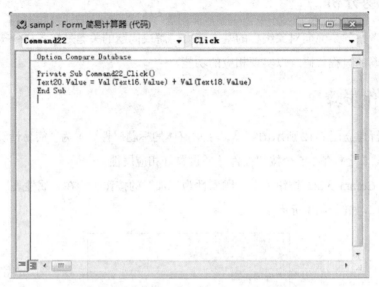

图 6-15　Command22 的 "Click" 事件代码

```
Private Sub Command22_Click()
Text20.Value = Val(Text16.Value) + Val(Text18.Value)
End Sub
```

（5）同样地，为所有命令按钮控件编写如下代码（见图 6-16）：

图 6-16　简易计算器窗体的事件代码

```
Private Sub Command22_Click()
Text20.Value = Val(Text16.Value) + Val(Text18.Value)
End Sub


Private Sub Command23_Click()
Text20.Value = Val(Text16.Value) - Val(Text18.Value)
End Sub
```

```
Private Sub Command24_Click()
Text20.Value = Val(Text16.Value) * Val(Text18.Value)
End Sub

Private Sub Command25_Click()
Text20.Value = Val(Text16.Value)  / Val(Text18.Value)
End Sub

Private Sub Command26_Click()
DoCmd.Close
End Sub
```

（6）在简易计算器的"窗体视图"中，随机输入两个数字，分别单击按钮"加""减""乘""除""退出"，然后观察结果，如图 6-17 所示。

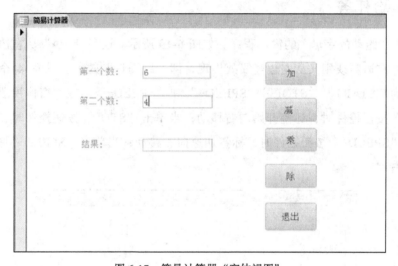

图 6-17　简易计算器"窗体视图"

四、课后练习

设计图 6-18 所示的窗体，实现为输入的成绩评级。规则如下：

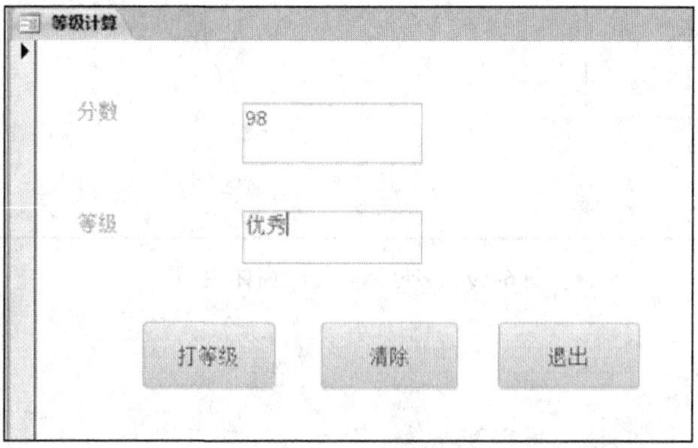

图 6-18　等级计算窗体的"窗体视图"

（1）成绩≥90 为优秀；

（2）成绩≥80 and 成绩＜90 为良好；

（3）成绩≥60 and 成绩＜80 为及格；

（4）成绩＜60 为不及格。

单击"清除"按钮，可以清空两个文本框，单击"退出"按钮可以退出窗体视图。

实验 5　创建一个"跑动的字母"的窗体程序

一、实验任务

创建一个"跑动的字母"的窗体程序，如图 6-19 所示。让字母"A"从左边竖线向右移动，当接触到右边竖线则又从左边竖线处出现，即"跑马灯"效果。下面 4 个按钮，其标题属性分别为"START""STOP""SPEED+"和"SPEED−"。在"窗体视图"中，当单击"START"按钮控件时，标签开始向右移动；当单击"STOP"按钮控件时，标签停止移动；当单击"SPEED+"按钮控件时，标签加速向右移动；当单击"SPEED−"按钮控件时，标签减缓向右移动。

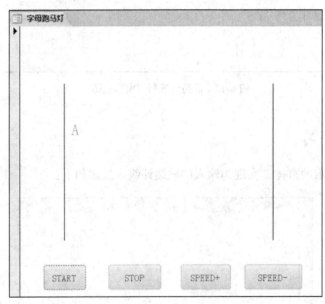

图 6-19　字母跑马灯"窗体视图"

二、问题分析

利用窗体的"计时器"和"时间间隔"来实现相关功能。通过改变标签的 LEFT 属性的值来实现移动。通过改变"时间间隔"来实现加速和减速以及启动和停止。两条直线控件则为移动的边界。

三、操作步骤

（1）创建图 6-19 所示的窗体。包含 4 个按钮控件，名称分别为"Command4""Command5""Command6""Command7"，对应的标题属性分别为"START""STOP""SPEED+"和"SPEED-"。两个直线控件，左边界直线控件名称为"Line1"，右边界直线控件名称为"Line2"。一个标签控件，名称为"Label3"，标题属性为"A"。

（2）窗体 Form 对象的"计时器间隔"属性初值置 0。分别编写 4 个按钮控件"Click"事件以及窗体"Timer"事件，代码如下（见图 6-20）：

图 6-20　字母跑马灯窗体事件代码窗口

```
Private Sub Command4_Click()
Form.TimerInterval = 50
End Sub


Private Sub Command5_Click()
Form.TimerInterval = 0
End Sub


Private Sub Command6_Click()
Form.TimerInterval = Form.TimerInterval - 10
End Sub


Private Sub Command7_Click()
Form.TimerInterval = Form.TimerInterval + 10
End Sub
```

```
Private Sub Form_Timer()
If Label3.Left < Line2.Left - Label3.Width Then
Label3.Left = Label3.Left + 50
Else
Label3.Left = Line1.Left
End If
End Sub
```

（3）在窗体视图下，分别单击"START""STOP""SPEED+"和"SPEED-"4个按钮，仔细观察字母"A"的移动变化。

四、课后练习

本次实验体现了计时器事件的独特功能，试分析在一个窗体中，能否设置多个"计时器"，实现两个以上不同时间间隔的计时器触发事件。

实验6 完善图书管理系统登录界面窗体程序

一、实验任务

完善图书管理系统登录界面窗体的相应功能。窗体界面设计如第 3 章实验 1 中图 3-3 所示。在文本框 Text1 中输入管理员编号，在文本框 Text2 中输入密码，当单击"确定"按钮后，若编号密码输入正确，则进入"主界面窗体"，否则提示"密码错误，请重新输入"。单击"注册"按钮，则进入"注册界面窗体"。单击"退出"按钮，则退出"登录界面窗体"。

二、问题分析

本实验内容主要练习 DLookup()函数的使用，其功能是将用户输入的管理员编号和密码与"管理员信息"表中的记录匹配，以判断用户是否输入正确。

三、操作步骤

（1）打开文件夹下的"图书管理.accdb"数据库文件。

（2）找到"登录界面窗体"，并进入窗体设计视图。

（3）单击"登录"按钮，在对应的单击（Click）事件过程中添加如下代码：

```
Private Sub Command1_Click()
If IsNull([Text1]) = False Then
        If DLookup("密码", "管理员信息", "编号='" & [Text1] & "'") = Me![Text2] Then
          DoCmd.Close acForm, Me.Name
```

```
            DoCmd.OpenForm "主界面窗体"
        Else
            Text2 = ""
            Text2.SetFocus
            MsgBox "错误的编号或密码，请重新输入", vbCritical
        End If
    Else
        MsgBox "请输入编号"
    End If
End Sub
```

（4）单击"注册"按钮，在对应的单击（Click）事件过程中添加如下代码：

```
Private Sub Command2_Click()
DoCmd.OpenForm "注册界面窗体"
End Sub
```

（5）单击"退出"按钮，在对应的单击（Click）事件过程中添加如下代码：

```
Private Sub Command3_Click()
If MsgBox("确认要退出吗？ ", vbYesNo + vbQuestion + vbDefaultButton1, "退出提示框") =
6 Then
    DoCmd.Close acForm, "登录界面窗体"
End If
End Sub
```

实验 7　完善图书管理系统注册界面窗体程序

一、实验任务

完善图书管理系统注册界面窗体的相应功能。窗体界面设计如第 3 章实验 2 中图 3-8 所示。在文本框 Text1 中输入管理员编号，在文本框 Text3 中输入管理员姓名，在文本框 Text5 中输入管理员性别，在文本框 Text7 中输入管理员密码。当单击"确定"按钮后，将上述录入信息作为一条记录写入"管理员信息"表；当单击"重置"按钮后，则删除上述文本框中信息。若输入正确，则进入"主界面窗体"，否则提示"密码错误，请重新输入"。单击"退出"按钮，则退出"注册界面窗体"。

二、问题分析

本实验主要练习如何将文本框中的值插入表中，完成这一操作需要掌握 INSERT 语句的语法。

三、操作步骤

（1）打开"图书管理.accdb"数据库文件，并打开数据库中"注册界面窗体"的设计视图。

（2）单击"确定"按钮，在对应的单击（Click）事件过程中添加如下代码。

```
Private Sub Command9_Click()
    Dim strSql As String
    strSql = "INSERT INTO 管理员信息(编号,姓名,性别,密码) Values('" & Me![Text1] & "' ,
'" & Me![Text3] & "','" & Me![Text5] & "' ,'" & Me![Text7] & "')"
    DoCmd.RunSQL strSql
End Sub
```

（3）单击"重置"按钮，在对应的单击（Click）事件过程中添加如下代码：

```
Private Sub Command10_Click()
 Me![Text1] = Null
 Me![Text3] = Null
 Me![Text5] = Null
 Me![Text7] = Null
End Sub
```

（4）单击"退出"按钮，在对应的单击（Click）事件过程中添加如下代码：

```
Private Sub Command11_Click()
If MsgBox("确认要退出吗? ", vbYesNo + vbQuestion + vbDefaultButton1, "退出提示框") =
6 Then
        DoCmd.Close acForm, "注册界面窗体"
    End If
End Sub
```

实验 8　完善主界面窗体程序

一、实验任务

完善图书管理系统主界面窗体的相应功能。窗体界面设计如第 3 章实验 3 中图 3-11 所示。单击"读者管理"按钮，则打开"读者信息管理窗体"。单击"图书管理"按钮，则打开"图书管理"窗体。单击"图书借还管理"按钮，则打开"图书借还管理窗体"。单击"退出应用程序"按钮，则退出"主界面窗体"，单击"返回登录界面"按钮，则打开"登录界面窗体"。

二、问题分析

在本实验中，对"读者管理""图书管理""图书借还管理""返回登录界面"4 个按钮功能的实现，方法相同，都是打开一个新的窗体，该内容可参考第 5 章中的实验，用创建"宏"的方法完成，也可以参考本章的实验 6，用 DoCmd.OpenForm 方法实现。对"退出应用程序"按钮功能的实现，也可参考本章各实验中关于"退出"按钮的设计。

三、操作步骤

（1）打开"图书管理.accdb"数据库文件，并打开数据库中"主界面窗体"的设计视图。

（2）单击"读者管理"按钮，在对应的单击（Click）事件过程中添加如下代码：

```
Private Sub Command2_Click()
 DoCmd.Close acForm, Me.Name
 DoCmd.OpenForm "读者信息管理窗体"
End Sub
```

（3）单击"图书管理"按钮，在对应的单击（Click）事件过程中添加如下代码：

```
Private Sub Command3_Click()
 DoCmd.Close acForm, Me.Name
 DoCmd.OpenForm "图书管理"
End Sub
```

（4）单击"图书借还管理"按钮，在对应的单击（Click）事件过程中添加如下代码：

```
Private Sub Command4_Click()
 DoCmd.Close acForm, Me.Name
 DoCmd.OpenForm "图书借还管理窗体"
End Sub
```

（5）单击"退出应用程序"按钮，在对应的单击（Click）事件过程中添加如下代码：

```
Private Sub Command5_Click()
     If MsgBox("确认要退出吗? ", vbYesNo + vbQuestion + vbDefaultButton1, "退出提示框") = 6
Then

        DoCmd.Close acForm, "主界面窗体"

    End If
End Sub
```

（6）单击"返回登录界面"按钮，在对应的单击（Click）事件过程中添加如下代码：

```
Private Sub Command6_Click()
   DoCmd.Close acForm, "主界面窗体"
   DoCmd.OpenForm "登录界面窗体"
End Sub
```

实验 9　完善读者信息查询窗体程序

一、实验任务

完善图书管理系统读者信息查询窗体的相应功能。窗体界面设计如第 3 章实验 5 中图 3-28 所示。单击"按读者编号查找"选项按钮，显示输入读者编号的文本框及查找按钮；同样地，单击"按读者姓名查找"和"按所属院系查找"选项按钮，则显示相应的文本框和按钮。单击 "返回读者信息管理界面"按钮，则打开"读者信息管理窗体"。

二、问题分析

本实验涉及知识点主要是选项按钮控件单击（Click）事件的练习，以及控件 visible 属性的 作用。

三、操作步骤

（1）打开"图书管理.accdb"数据库文件，并打开数据库中"读者信息查询窗体"的设计视图。

（2）单击选项按钮 Option6，在对应的单击（Click）事件过程中添加如下代码：

```
Private Sub Option6_Click()
    If Me![Option6] = True Then
        Me![Label13].Visible = True
        Me![Text12].Visible = True
        Me![Command20].Visible = True
    Else
        Me![Label13].Visible = False
        Me![Text12].Visible = False
        Me![Command20].Visible = False
    End If
End Sub
```

（3）单击选项按钮 Option8，在对应的单击（Click）事件过程中添加如下代码：

```
Private Sub Option8_Click()
    If Me![Option8] = True Then
        Me![Label15].Visible = True
        Me![Text14].Visible = True
        Me![Command23].Visible = True
    Else
        Me![Label15].Visible = False
        Me![Text14].Visible = False
        Me![Command23].Visible = False
    End If
End Sub
```

（4）单击选项按钮 Option10，在对应的单击（Click）事件过程中添加如下代码：

```
Private Sub Option10_Click()
    If Me![Option10] = True Then
        Me![Label17].Visible = True
        Me![Text16].Visible = True
        Me![Command24].Visible = True
    Else
        Me![Label17].Visible = False
        Me![Text16].Visible = False
        Me![Command24].Visible = False
    End If
End Sub
```

（5）单击 Command20"查找"按钮，在对应的单击（Click）事件中添加如下代码：

```
Private Sub Command20_Click()
    DoCmd.OpenQuery "按编号查询读者信息"
End Sub
```

（6）单击 Command23"查找"按钮，在对应的单击（Click）事件中添加如下代码：

```
Private Sub Command23_Click()
```

```
    DoCmd.OpenQuery "按姓名查询读者信息"
End Sub
```

（7）单击 Command24 "查找" 按钮，在对应的单击（Click）事件中添加如下代码：

```
Private Sub Command24_Click()
    DoCmd.OpenQuery "按所属院系查询读者信息"
End Sub
```

（8）单击 Command25 "返回读者信息管理界面" 按钮，在对应的单击（Click）事件中添加如下代码：

```
Private Sub Command25_Click()
    DoCmd.Close acForm, "读者信息查询窗体"
    DoCmd.OpenForm "读者信息管理窗体"
End Sub
```

实验 10　完善图书信息查询窗体程序

一、实验任务

完善图书信息查询窗体的相应功能。窗体界面设计如第 3 章实验 7 中图 3-44 所示。在文本框 Text1 中输入图书编号，单击 "查询" 按钮，则在子窗体 Child1 中显示该编号图书信息。单击 "返回图书管理窗体" 按钮，则打开 "图书管理" 窗体。

二、问题分析

本实验的重点在于 "查询" 按钮事件代码的编写，其中需要用到 Select 查询语句。

三、操作步骤

（1）打开 "图书管理.accdb" 数据库文件，并打开数据库中 "图书信息查询窗体" 的设计视图。

（2）单击 "查询" 按钮，在对应的单击（Click）事件过程中添加如下代码：

```
Private Sub Command3_Click()
    child1.Form.RecordSource = "select * from 图书信息 where 图书编号='" + Me!Text1 + "'"
End Sub
```

（3）单击 "返回图书管理窗体" 按钮，在对应的单击（Click）事件中添加如下代码：

```
Private Sub Command6_Click()
    DoCmd.Close acForm, "图书信息查询窗体"
    DoCmd.OpenForm "图书管理窗体"
End Sub
```

实验 11　完善图书借还窗体程序

一、实验任务

完善图书借还窗体的相应功能。窗体界面设计如第 3 章实验 8 中图 3-57 所示。在文本框 Text3、Text14、Text23 中，分别输入读者编号、图书编号、借阅日期，单击"确认借书"按钮，则将文本框中的值作为一条记录插入到表"图书借阅信息"中。在文本框 Text35、Text41 中，分别输入读者编号、图书编号，单击"还书删除"按钮，则将该条借书记录从表"图书借阅信息"中删除。单击"返回主界面"按钮，则打开"主界面窗体"。

二、问题分析

本实验的重点在于理解借书和还书的业务逻辑，掌握将文本框中的值插入表以及删除表中记录的操作。

三、操作步骤

（1）打开"图书管理.accdb"数据库文件，并打开数据库中"图书借还管理窗体"的设计视图。

（2）单击 Command6"查询"按钮，在对应的单击（Click）事件过程中添加如下代码：

```
Private Sub Command6_Click()
    Child11.Form.RecordSource = "SELECT * FROM 读者信息及借阅信息查询 where 读者编号=
'" + Me!Text4 + "'"
End Sub
```

（3）单击 Command9"查询"按钮，在对应的单击（Click）事件过程中添加如下代码：

```
Private Sub Command9_Click()
    Child33.Form.RecordSource = "SELECT * FROM 图书信息 WHERE 图书编号='" & Me!Text7 &
"'"
End Sub
```

（4）单击 Command12"确认借书"按钮，在对应的单击（Click）事件过程中添加如下代码：

```
Private Sub Command12_Click()
    Dim adors As New adodb.Recordset
    Dim zd As adodb.Field
    Dim strSql As String
    strSql = "insert into 图书借阅信息(读者编号,图书编号,借阅日期)values('" & Me![Text3]
& "','" & Me![Text14] & "',#" & Me![Text23] & "#)"
    adocn.Execute strSql
```

```
    strSql = "SELECT * FROM 图书信息 WHERE 图书编号='" + Me!Text14 + "'"
    adors.Open strSql, adocn, adOpenDynamic, adLockOptimistic
    Set zd = adors.Fields("在馆数量")
    zd = zd - 1
    adors.Update
    adors.Close
    Set adors = Nothing
End Sub
```

（5）选择选项卡页 2 "还书"，单击 Command37 "查询" 按钮，在对应的单击（Click）事件过程中添加如下代码：

```
Private Sub Command37_Click()
     Child38.Form.RecordSource = "SELECT * FROM 图书借还信息查询 WHERE 读者编号='" +
Me!Text35 + "' "
End Sub
```

（6）单击 Command26 "还书删除" 按钮，在对应的单击（Click）事件过程中添加如下代码：

```
Private Sub Command26_Click()
    Dim adocn As New adodb.Connection
    Dim adors As New adodb.Recordset
    Dim zd As adodb.Field
    Dim strSql As String
    Set adocn = CurrentProject.Connection
    strSql = "select * from 图书借阅信息 where 读者编号='" + Me!Text21 + "' and 图书编号=
'" + Me!Text24 + "'"
    adors.Open strSql, adocn, adOpenDynamic, adLockOptimistic
    If Not adors.EOF Then
        adors.Delete
    Else
        MsgBox "没有该记录"
    End If
    adors.Close

    strSql = "SELECT * FROM 图书信息 WHERE  图书编号='" + Me!Text24 + "'"
    adors.Open strSql, adocn, adOpenDynamic, adLockOptimistic
    Set zd = adors.Fields("在馆数量")
    zd = zd + 1
    adors.Update

    adors.Close
    Set adors = Nothing
End Sub
```

（7）单击 Command29 "返回主界面" 按钮，在对应的单击（Click）事件过程中添加如下代码：

```
DoCmd.Close acForm, Me.Name
DoCmd.OpenForm "主界面窗体"
```

第7章
综合自测题

自测题 1　表

1. 表操作题 1

操作要求如下。

（1）在"表操作题 1"文件夹下的"samp1.accdb"数据库文件中建立"职工"表，其结构如表 7-1 所示。

表 7-1 　　　　　　　　　　　　　　　　　"职工"表结构

字段名称	数据类型	字段大小	格式
职工编号	短文本	5	
姓名	短文本	4	
性别	短文本	1	
年龄	数字	整型	
工作时间	日期/时间		短日期
学历	短文本	5	
职称	短文本	5	
邮箱密码	短文本	6	
联系电话	短文本	8	
在职否	是/否	5	是/否

（2）根据"职工"表结构，判断并设置主键。

（3）设置"工作时间"字段的验证规则属性为只能输入上一年度 7 月 1 日（含）以前的日期（规定：本年度年号必须用函数获取）。

（4）将"在职否"字段的默认值设置为真值。

（5）设置"联系电话"字段的输入掩码，要求前 4 位为"028-"，后 8 位为数字。

（6）设置"邮箱密码"字段的输入掩码为将输入的密码显示为 6 位星号。

（7）将"性别"字段值的输入设置为"男""女"列表选择。

（8）在"职工"表中输入两条记录，内容如表 7-2 所示。

表 7-2　　　　　　　　　　　　　　　　　"职工"表中的记录

编号	姓名	性别	年龄	工作时间	学历	职称	邮箱密码	联系电话	是否在职
21401	王凯	男	45	1992-9-8	本科	高工	547816	85522103	√
21402	李珊	女	28	2009-9-3	研究生	工程师	854893	61812309	√

2. 表操作题 2

在"表操作题 2"文件夹下有一个数据库文件"samp1.accdb"、一个 Excel 文件"学生.xlsx"和一个照片文件"照片.bmp"，试按以下要求完成各种操作。

（1）将 Excel 文件"学生.xlsx"导入"samp1.accdb"数据库中。

（2）创建一个名为"部门"的新表，其结构如表 7-3 所示。

表 7-3　　　　　　　　　　　　　　　　　"部门"表结构

字段名称	类型	字段大小
部门编号	短文本	16
部门名称	短文本	10
房间号	数字	整型

（3）判断并设置"部门"表的主键。

（4）设置"部门"表中"房间号"字段的"验证规则"属性，保证其输入的数的范围为 100～900（不包括 100 和 900）。

（5）在"部门"表输入新记录，内容如表 7-4 所示。

表 7-4　　　　　　　　　　　　　　　　　"部门"表新记录

部门编号	部门名称	房间号
001	计科学院	103
002	政治学院	304
003	经济学院	416

（6）在"学生"表中添加一个新字段，字段名为"照片"，类型为"OLE 对象"。设置"宋媛媛"记录的"照片"字段数据为"表操作题 2"文件夹下的"照片.bmp"图像文件。

3. 表操作题 3

在"表操作题 3"文件夹下存在一个数据库文件"samp1.accdb"，该数据库文件已经完成了表"tDoctor""tOffice""tPatient"和"tSubscribe"的设计。试按以下要求完成各种操作。

（1）在"samp1.accdb"数据库中建立一个新表，命名为"tNurse"，其结构如表 7-5 所示。

表 7-5   "tNurse" 表结构

字段名称	数据类型	字段大小
护士 ID	短文本	8
护士姓名	短文本	6
年龄	数字	整型
工作日期	日期/时间	

（2）判断并设置表"tNurse"的主键。

（3）设置"护士姓名"字段为必需字段，"工作日期"字段的默认值设置为系统当前日期的后一天。

（4）设置"年龄"字段的"验证规则"和"验证文本"属性。验证规则属性设置为输入的年龄必须为 22～40 岁（含 22 岁和 40 岁），验证文本属性设置为"年龄应在 22 岁到 40 岁之间"。

（5）如表 7-6 所示，将其数据输入到"tNurse"表中。

表 7-6   "tNurse" 表新记录

护士 ID	护士姓名	年龄	工作日期
001	李霞	30	2000 年 10 月 1 日
002	王义民	24	1998 年 8 月 1 日
003	周敏	26	2003 年 6 月 1 日

（6）通过相关字段建立"tDoctor"表、"tOffice"表、"tPatient"表和"tSubscribe"表之间的关系，并设置实施参照完整性。

4. 表操作题 4

在"表操作题 4"文件夹下已存在"tTest.txt"文本文件和"samp1.accdb"数据库文件，并且在数据库文件"samp1.accdb"中已建立表对象"tStud"和"tScore"。试按以下要求完成各种操作。

（1）将表"tScore"的"学号"和"课程号"两字段设置为复合主键。

（2）设置"tStud"表中的"年龄"字段的"验证文本"属性为"年龄值应大于 16"，然后删除"tStud"表结构中的"照片"字段。

（3）设置表"tStud"的"入校时间"字段的"验证规则"属性为只能输入 1 月（含）到 10 月（含）的日期。

（4）设置表对象"tStud"的记录行显示高度为 20。

（5）完成上述操作后，建立"tStud"表和"tScore"表之间的一对多关系，并设置实施参照完整性。

（6）将文本文件"tTest.txt"中的数据链接到当前数据库中，并将数据中的第一行作为字段名，链接表对象命名为"tTemp"。

5. 表操作题 5

在"表操作题 5"文件夹下，存在一个数据库文件"samp1.accdb"，该数据库文件中已有 4 个表对象"tDoctor""tOffice""tPatient"和"tSubscribe"。试按以下要求完成各种操作。

（1）分析"tSubscribe"表的字段构成，判断并设置主键。

（2）设置"tSubscribe"表中"医生 ID"字段的相关属性，使其接受的数据只能为第 1 个字符为"A"，第 2 个字符开始的 3 位只能是 0～9 中的数字；并将该字段设置为必填字段；设置"科室 ID"字段的字段大小，使其与"tOffice"表中相关字段的字段大小一致。

（3）设置"tDoctor"表中"性别"字段的默认值属性为"男"；并为该字段创建查阅列表，列表中显示"男"和"女"两个值。

（4）删除"tDoctor"表中的"专长"字段，并设置"年龄"字段的"验证规则"和"验证文本"属性。将"验证规则"属性设置为输入年龄必须为 18～60 岁（含 18 岁和 60 岁），"验证文本"属性设置为"年龄应在 18 岁到 60 岁之间"；取消对"年龄"字段值的隐藏。

（5）设置"tDoctor"表的显示格式，使表的背景颜色为"银白"，可选行颜色为"白色"。

（6）设置"tDoctor"表的显示格式，单元格效果为"凹陷"。

（7）通过相关字段建立"tDoctor"表、"tOffice"表、"tPatient"表和"tSubscribe"表之间的关系，并设置实施参照完整性。

6. 表操作题 6

在"表操作题 6"文件夹下，存在一个数据库文件"samp1.accdb"。试按以下要求完成各种操作。

（1）修改职工表"employee"的结构，在"职工号"字段后增加"姓名"字段，其数据类型为短文本型，长度为 6，并对应职工号添加其姓名，如表 7-7 所示。

表 7-7　　　　　　　　　　　　　表"employee"的新记录

职工号	63114	44011	69088	52030	72081	62217	75078	59088
姓名	郑明	萧伯特	陈露露	曾杨	陈文远	刘芳	王冬梅	杨骏一

（2）判断并设置表"employee"的主键，同时将上面增加的"姓名"字段隐藏。

（3）设置表"employee"的"基本工资"字段的默认值为 1000。

（4）在当前数据库中，对表"employee"进行备份，并命名为表"tEmp"。

（5）设置表"employee"的验证规则为："津贴"字段的值必须小于等于"基本工资"字段值。

（6）将已有的"水费. xlsx"文件导入 samp1.accdb 数据库中，并将导入的表命名为"水费记录"。

7. 表操作题 7

在"表操作题 7"文件夹下，存在一个数据库文件"samp1.accdb"和一个图像文件"photo.bmp"。在数据库文件中已经建立了一个表对象"tStud"。试按以下要求完成各种操作。

（1）设置"ID"字段为主键；并设置"ID"字段的相应属性，使该字段在数据表视图中的显示名称为"学号"。

（2）删除"备注"字段。

（3）设置"入校时间"字段的验证规则和验证文本，具体规则为：输入日期必须在 2000 年 1 月 1 日之后（不包括 2000 年 1 月 1 日）；验证文本内容为："输入的日期有误，重新输入"。

（4）将学号为"20011002"学生的"照片"字段值设置为考生文件夹下的"photo.bmp"图像文件（要求使用"由文件创建"方式）。

（5）将冻结的"姓名"字段解冻；并确保"姓名"字段列显示在"学号"字段列的后面。

（6）将"tStud"表中的数据导出到文本文件中，并以"tStud.txt"文件名保存到"表操作题 7"文件夹下。

8. 表操作题 8

在"表操作题 8"文件夹下，有数据库文件"samp1.accdb"和 Excel 文件"Stab.xlsx"，"samp1.accdb"中已建立表对象"student"和"grade"，试按以下要求完成各种操作。

（1）将 Excel 文件"Stab.xlsx"导入"student"表中。

（2）将"student"表中 1975 年到 1980 年之间（包括 1975 年和 1980 年）出生的学生记录删除。

（3）将"student"表中"性别"字段的默认值设置为"男"。

（4）将"student"表拆分为两个新表，表名分别为"tStud"和"tOffice"。其中"tStud"表结构为：学号，姓名，性别，出生日期，院系，籍贯，主键为学号；"tOffice"表结构为：院系，院长，院办电话，主键为"院系"。

要求：保留"student"表。

（5）建立"student"和"grade"两表之间的关系。

9. 表操作题 9

在"表操作题 9"文件夹下的"samp1.accdb"数据库中已经建立表对象"tEmployee"。试按以下要求完成各种操作。

（1）根据"tEmployee"表的结构，判断并设置主键。

（2）删除表中的"所属部门"字段；设置"年龄"字段的验证规则为：只能输入大于 16 的数据。

（3）在表结构中的"年龄"与"职务"两个字段之间增加一个新的字段：字段名称为"党员否"，字段类型为"是/否"型；删除表中职工编号为"000014"的一条记录。

（4）使用查阅向导建立"职务"字段的数据类型，向该字段键入的值为"职员""主管"

或"经理"等固定常数。

（5）设置"聘用时间"字段的输入掩码为"短日期"。

（6）在编辑完的表中追加一条新记录如下：

编号	姓名	性别	年龄	党员否	职务	聘用时间	简历
000031	王涛	男	35	√	主管	2004-9-1	熟悉系统维护

10.　表操作题 10

在"表操作题 10"文件夹下有一个数据库文件"samp1.accdb"，其中已建立两个表对象"tGrade"和"tStudent"；同时还存在一个 Excel 文件"tCourse.xlsx"。试按以下要求完成各种操作。

（1）将 Excel 文件"tCourse.xlsx"导入到"samp1.accdb"数据库文件中，表名不变，设"课程编号"字段为主键。

（2）对"tGrade"表进行适当的设置，使该表中的"学号"为必填字段，"成绩"字段的输入值为非负数，并在输入出现错误时提示"成绩应为非负数，请重新输入！"信息。

（3）将"tGrade"表中成绩低于 60 分的记录全部删除。

（4）设置"tGrade"表的显示格式，使显示表的单元格显示效果为"凹陷"，文字字体为"宋体"，字号为 11。

（5）建立"tStudent"表、"tGrade"表和"tCourse"表之间的关系，并设置实施参照完整性。

自测题 2　查询

1.　查询操作题 1

在"查询操作题 1"文件夹下存在一个数据库文件"samp2.accdb"，该数据库文件已经建立了 3 个关联表对象"tCourse""tCrade""tStudent"和一个空表"tTemp"，试按以下要求完成设计。

（1）创建一个查询，查找并显示含有不及格成绩的学生的"姓名""课程名"和"成绩"3 个字段的内容，所建查询命名为"qT1"。

（2）创建一个查询，计算每名学生的平均成绩，并按平均成绩降序依次显示"姓名""政治面貌""毕业学校"和"平均成绩"4 个字段的内容，所建查询命名为"qT2"。假设所用表中无重名。

（3）创建一个查询，统计每班每门课程的平均成绩，显示结果如图 7-1 所示，所建查询命名为"qT3"。

班级	高等数学	计算机原理	专业英语
991021	68	76	83
991022	73	73	77
991023	74	77	72

图 7-1 "qT3" 查询结果

（4）创建一个查询，将男学生的"班级""学号""性别""课程名"和"成绩"信息追加到"tTemp"表的对应字段中，所建查询命名为"qT4"。

2. 查询操作题 2

在"查询操作题 2"文件夹下存在一个数据库文件"samp2.accdb"，该数据库文件已经建立了两个表对象"tNorm"和"tStock"。试按以下要求完成设计。

（1）创建一个查询，计算产品最高储备与最低储备的差并输出，标题显示为"m-data"，所建查询命名为"qT1"。

（2）创建一个查询，查找库存数量超过 10000（不含）的产品，并显示"产品名称"和"库存数量"，所建查询命名为"qT2"。

（3）创建一个查询，按输入的产品代码查找某产品库存信息，并显示"产品代码""产品名称"和"库存数量"。当运行该查询时，应显示提示信息"请输入产品代码："，所建查询命名为"qT3"。

（4）创建一个交叉表查询，统计并显示每种产品不同规格的平均单价，显示时行标题为产品名称，列标题为规格，计算字段为单价，所建查询命名为"qT4"。交叉表查询不做各行小计。

3. 查询操作题 3

在"查询操作题 3"文件夹下存在一个数据库文件"samp2.accdb"，该数据库文件已经建立了表对象"tTeacher""tCourse""tStud"和"tGrade"，试按以下要求完成设计。

（1）创建一个查询，查找并显示"教师姓名""职称""学院""课程 ID""课程名称"和"上课日期"6 个字段的内容，所建查询命名为"qT1"。

（2）创建一个查询，根据教师姓名查找某教师的授课情况，并按"上课日期"字段降序显示"教师姓名""课程名称""上课日期"3 个字段的内容，所建查询命名为"qT2"。当运行该查询时，应显示参数提示信息"请输入教师姓名"。

（3）创建一个查询，查找学生的课程成绩大于等于 80，且小于等于 100 的学生情况，显示"学生姓名""课程名称"和"成绩"3 个字段的内容，所建查询命名为"qT3"。

（4）创建一个查询，假设"学生 ID"字段的前 4 位代表年级，统计各个年级不同课程的平均成绩，显示"年级""课程 ID"和"平均成绩"字段的内容，并按"年级"降序排列，所建查询命名为"qT4"。

4. **查询操作题 4**

在"查询操作题 4"文件夹下存在一个数据库文件"samp2.accdb",该数据库文件已经建立了表对象"tCollect""tpress"和"tType",试按以下要求完成设计。

（1）创建一个查询，查找收藏品中 CD 最高价格和最低价格的信息并输出，标题显示为"v_Max"和"v_Min"，所建查询命名为"qT1"。

（2）创建一个查询，查找并显示"价格"大于 100 元并且"购买日期"在 2001 年（含）以后的"CDID""主题名称""价格""购买日期"和"介绍"5 个字段的内容，所建查询命名为"qT2"。

（3）创建一个查询，通过输入 CD 类型名称，查询并显示"CDID""主题名称""价格""购买日期"和"介绍"5 个字段的内容，当运行该查询时，应显示参数提示信息"请输入 CD 类型名称："，所建查询命名为"qT3"。

（4）创建一个查询，对"tType"表进行调整，将"类型 ID"等于"05"的记录中的"类型介绍"字段更改为"古典音乐"，所建查询命名为"qT4"。

5. **查询操作题 5**

在"查询操作题 5"文件夹下存在一个数据库文件"samp2.accdb"，该数据库文件已经建立了 3 个关联表对象"tCourse""tGrade""tStudent"和一个空表"tSinfo"，试按以下要求完成设计。

（1）创建一个查询，查找并显示"姓名""政治面貌""课程名"和"成绩"4 个字段的内容，所建查询命名为"qT1"。

（2）创建一个查询，计算每名选课学生所选课程的学分总和，并以此显示"姓名"和"学分"字段的内容，其中"学分"为计算出的学分总和，所建查询命名为"qT2"。

（3）创建一个查询，查找年龄小于平均年龄的学生，并显示其"姓名"，所建查询命名为"qT3"。

（4）创建一个查询，将所有学生的"班级编号""学号""课程名"和"成绩"字段的内容填入"tSinfo"表的对应字段中，其中"班级编号"字段的内容是"tStudent"表中"学号"字段的前 6 位，所建查询命名为"qT4"。

6. **查询操作题 6**

在"查询操作题 6"文件夹下存在一个数据库文件"samp2.accdb"，该数据库文件已经建立了表对象"tStaff""tSalary"和"tTemp"。试按以下要求完成设计。

（1）创建一个查询，查找并显示职务为经理的员工的"工号""姓名""年龄"和"性别"4 个字段的内容，所建查询命名为"qT1"。

（2）创建一个查询，查找各位员工在 2005 年的工资信息，并显示"工号""工资合计"和"水电房租费合计"3 列内容。其中，"工资合计"和"水电房租费合计"两列数据均由统计计算得到，所建查询命名为"qT2"。

（3）创建一个查询，查找并显示员工的"姓名""工资""水电房租费"及"应发工资"4列内容。其中，"应发工资"列数据通过计算得到，计算公式为应发工资 = 工资 – 水电房租费，所建查询命名为"qT3"。

（4）创建一个查询，将表"tTemp"中"年龄"字段值均加1，所建查询命名为"qT4"。

7. 查询操作题 7

在"查询操作题 7"文件夹下存在一个数据库文件"samp2.accdb"，该数据库文件已经建立了表对象"tCourse""tScore"和"tStud"，试按以下要求完成设计。

（1）创建一个查询，查找党员记录，并显示"姓名""性别"和"入校时间"3 列信息，所建查询命名为"qT1"。

（2）创建一个查询，当运行该查询时，屏幕上显示提示信息："请输入要比较的分数："，输入要比较的分数后，该查询查找学生选课成绩的平均分大于输入值的学生信息，并显示"学号"和"平均分"两列信息，所建查询命名为"qT2"。

（3）创建一个交叉表查询，统计并显示各班每门课程的平均成绩，显示结果如图 7-2 所示（要求：直接用查询设计视图建立交叉表查询，不允许用其他查询作为数据源），所建查询命名为"qT3"。

注：班级编号为学号的前 8 位。

班级编号	高等数学	计算机原理	专业英语
19991021	68	73	81
20001022	73	73	75
20011023	74	76	74
20041021			72
20051021			71
20061021			67

图 7-2 "qT3"查询结果

（4）创建一个查询，运行该查询后生成一个新表，表名为"tNew"，表结构包括"学号""姓名""性别""课程名"和"成绩"等 5 个字段，表内容为 90 分以上（包括 90 分）或不及格的所有学生记录，并按课程名降序排列，所建查询命名为"qT4"。要求创建此查询后，运行该查询，并查看运行结果。

8. 查询操作题 8

在"查询操作题 8"文件夹下有一个数据库文件"samp2.accdb"，该数据库文件已经建立了表对象"tTeacher"。请按以下要求完成设计。

（1）创建一个查询，计算并输出教师最大年龄和最小年龄的差值，显示标题为"m_age"，并将查询命名为"qT1"。

（2）创建一个查询，查找并显示具有研究生学历的教师的"编号""姓名""性别"和"系别"4 个字段内容，将查询命名为"qT2"。

（3）创建一个查询，查找并显示年龄小于等于38，职称为"副教授"或"教授"的教师的"编号""姓名""年龄""学历"和"职称"5个字段，将查询命名为"qT3"。

（4）创建一个查询，查找并统计在职教师按照职称进行分类的平均年龄，然后显示出标题为"职称"和"平均年龄"的两个字段内容，将查询命名为"qT4"。

9. 查询操作题 9

在"查询操作题9"文件夹下有一个数据库文件"samp2.accdb"，该数据库文件已经建立了表对象"tEmployee"和"tGroup"。请按以下要求完成设计。

（1）创建一个查询，查找并显示没有运动爱好的职工的"编号""姓名""性别""年龄"和"职务"5个字段内容，并将查询命名为"qT1"。

（2）创建一个查询，查找并显示聘期超过5年（使用函数）的开发部职工的"编号""姓名""职务"和"聘用时间"4个字段内容，将查询命名为"qT2"。

（3）创建一个查询，计算5月份聘用的、每个部门男/女生的最小年龄。要求：第一列显示性别，第一行显示部门名称，将查询命名为"qT3"。

（4）创建一个查询，查找年龄低于所有职工平均年龄并且职务为"经理"的职工记录，并显示"管理人员"信息。其中管理人员由"编号"和"姓名"两列信息合二为一构成，所建查询命名为"qT4"。

10. 查询操作题 10

在"查询操作题10"文件夹下有一个数据库文件"samp2.accdb"，该数据库文件已经建立了表对象"tAttend""tEmployee"和"tWork"，请按以下要求完成设计。

（1）创建一个查询，查找并显示"姓名""项目名称"和"承担工作"3个字段内容，将查询命名为"qT1"。

（2）创建一个查询，查找并显示项目经费在10 000元以下（包括10 000元）的"项目名称"和"项目来源"两个字段内容，将查询命名为"qT2"。

（3）创建一个查询，设计一个名为"单位奖励"的计算字段，计算公式为：单位奖励=经费×10%，并显示"tWork"表的所有字段内容和"单位奖励"字段，将查询命名为"qT3"。

（4）创建一个查询，将所有记录的"经费"字段值增加2000元，将查询命名为"qT4"。

自测题 3 综合应用题

1. 综合应用题 1

在"综合应用题1"文件夹下有一个数据库文件"samp3.accdb"，该数据库文件已经建立了表对象"产品""供应商"，查询对象"按供应商查询"和宏对象"打开产品表""运行查询""关闭窗口"。创建一个名为"主窗体"的窗体，要求如下。

（1）对窗体进行如下设置：在主体区距左边 1cm、距上边 0.6cm 处依次水平放置 3 个命令按钮，名称分别为"bt1""bt2""bt3"，按钮标题分别为"显示修改产品表""查询""退出"，命令按钮的宽度均为 2cm，高度为 1.5cm，每个按钮相隔 1cm。

（2）设置窗体标题为"主菜单"。

（3）当单击"显示修改产品表"按钮时，运行宏"打开产品表"，就可以浏览"产品"表。

（4）当单击"查询"按钮时，运行宏"运行查询"，即可启动查询"按供应商查询"。

（5）当单击"退出"按钮时，运行宏"关闭窗口"，关闭"主窗体"窗体，返回数据库窗口。

2. 综合应用题 2

在"综合应用题 2"文件夹下有一个数据库文件"samp3.accdb"，该数据库文件已经建立了窗体对象"ftest"及宏对象"m1"，按要求完成以下设计。

（1）在窗体的窗体页眉区添加一个标签控件，其名称为"bTitle"，标题显示为"窗体测试样例"。

（2）在窗体主体区内添加两个复选框控件，名称分别为"opt1""opt2"，其标题分别显示为"类型 a""类型 b"，分别设置复选框按钮"opt1""opt2"的"默认值"属性为假。

（3）在窗体页脚区添加一个命令按钮，命名为"btest"，标题为"测试"。

（4）设置命令按钮"btest"的单击事件属性为宏对象"m1"。

（5）将窗体标题设置为"测试窗体"。

3. 综合应用题 3

在"综合应用题 3"文件夹下有一个数据库文件"samp3.accdb"，该数据库文件已经建立了表对象"tband"和"tline"，同时还有一个以"tband"和"tline"为数据源的报表对象"rband"。试按要求完成以下设计。

（1）在报表的报表页眉区添加一个名为"bTitle"的标签控件，标题显示为"团队旅游信息表"，字体为"宋体"，字号为 22，字体粗细为"加粗"，字体倾斜为"是"。

（2）在"导游姓名"字段标题对应的报表主体区中添加一个控件，显示"导游姓名"字段值，并命名为"Tname"。

（3）在报表的报表页脚区添加一个计算控件，要求根据"团队 ID"来统计并显示团队的个数。计算控件放置在"团队数："标签的右侧，并命名为"Bcount"。

（4）将报表标题设置为"团队旅游信息表"。

4. 综合应用题 4

在"综合应用题 4"文件夹下有一个数据库文件"samp3.accdb"，该数据库文件已经建立了表对象"tstudent"，窗体对象"fquery"和"fstudent"。试按以下要求完成"fquery"窗体的设计。

（1）在距主体区左边 0.4cm，上边 0.4cm 处添加一个矩形控件，名称为"rRim"。矩形宽度为 16.6cm，高度为 1.2cm，特殊效果为"凿痕"。

（2）将窗体中"退出"按钮上的文字颜色改为"棕色"（代码为#800000），字体粗细为"加粗"。

（3）将窗体标题改为"显示查询信息"。

（4）将窗体边框改为"对话框边框"样式，取消窗体中的水平和垂直滚动条、记录选择器、导航按钮和分隔线。

（5）在窗体中有一个"显示全部记录"按钮（名称为"Blist"），单击该按钮后，应实现将"tstudent"表中的全部记录显示出来的功能。现已编写了部分代码，请按照代码中的指示将代码补充完整。

要求：修改后运行该窗体，并查看修改结果。

```
Private Sub Command4_Click()
        BBB.Form.RecordSource = "select * from tstudent where 姓名 like '" &
Me![Text2] & "*'"

End Sub

Private Sub bList_Click()
    '******Add******

    '******Add******
        [Text2] = " "
End Sub

Private Sub 命令7_Click()
    DoCmd.Close
End Sub
```

注意　　程序代码只允许在"***Add***"与"***Add***"之间的空行内进行补充，不允许增删和修改其他位置已存在的语句。

5. 综合应用题 5

在"综合应用题 5"文件夹下有一个数据库文件"samp3.accdb"，该数据库文件已经建立了表对象"temp"和窗体对象"femp"。试按以下要求完成"femp"窗体的设计。

（1）设置窗体对象"femp"的标题为"信息输出"。

（2）将窗体对象"femp"上名为"bltitle"的标签的标题以红色显示。

（3）删除表对象"temp"中的"照片"字段。

（4）按照以下要求补充代码。打开窗体，单击"计算"按钮（名为"bt1"），计算出表对象"temp"中党员职工的平均年龄，并将结果显示在窗体的文本框"tage"内。

```
Private Sub bt_Click()
    Dim cn As New ADODB.Connection
    Dim rs As New ADODB.Recordset
```

```
        Dim strSQL As String
        Dim sage As Single

        '设置当前数据库连接
        Set cn = CurrentProject.Connection

        strSQL = "select avg(年龄) from tEmp where 党员否"

        rs.Open strSQL, cn, adOpenDynamic, adLockOptimistic

        '******Add1******

        '******Add1******
            MsgBox "无党员职工的年龄数据"
            sage = 0
            Exit Sub
        Else
            sage = rs.Fields(0)
        End If

        '******Add2******

        '******Add2******

        rs.Close
        cn.Close
        Set rs = Nothing
        Set cn = Nothing

    End Sub
```

程序代码只允许在"***Add1（2）***"与"***Add1（2）***"之间的空行内进行补充，不允许增删和修改其他位置已存在的语句。

6. 综合应用题6

在"综合应用题6"文件夹下有一个数据库文件"samp3.accdb"，该数据库文件已经建立表对象"tAddr"和"tUser"，窗体对象"fEdit"和"fEUser"。试按以下要求完成"fEdit"窗体的设计。

（1）将窗体中名称为"lremark"的标签控件上的文字颜色改为"蓝色"（蓝色代码为"#0000FF"），字体粗细改为"加粗"。

（2）将窗体标题设置为"显示/修改用户口令"。

（3）将窗体边框改为"细边框"样式，取消窗体中的水平和垂直滚动条、记录选择器、导航按钮和分隔线，并保留窗体的关闭按钮。

（4）将窗体中"退出"命令按钮（名称为"cmdquit"）上的文字颜色改为棕色（棕色代码为"#800000"），字体粗细改为"加粗"，并在文字下方加上下画线。

（5）在窗体中有"修改"和"保存"两个命令按钮，名称分别为"CmdEdit"和"CmdSave"，其中"保存"按钮在初始状态不可用。当单击"修改"按钮后,"保存"按钮变为可用,同时在窗体的左侧显示出相应的信息和可修改的信息。如果在"口令"文本框中输入的内容与在"确认口令"文本框中输入的内容不相符时单击"保存"按钮,屏幕上就会弹出图 7-3 所示的提示框。

现已编写了部分 VBA 代码,请按照 VBA 代码中的指示将代码补充完整(要求:修改后运行该窗体,并查看修改结果)。

图 7-3 提示框

 不允许修改窗体对象"fEdit"和"fEUser"中未涉及的控件和属性,不允许修改表对象"tAddr"和"tUser";程序代码只允许在"***Add***"和"***Add***"之间的空行内补充一行语句来完成设计,不允许增删和修改其他位置已存在的语句。

```
Private Sub CmdSave_Click()
    If Me!口令_1 = Me!tEnter_Then
            DoCmd.RunSQL ("update tUser " & "set 用户名='" & Me!用户名_1 & "'" & "where
用户名='" & Me!用户名_1 & "'")
            DoCmd.RunSQL ("update tUser " & "set 口令='" & Me!口令_1 & "'" & "where
用户名='" & Me!用户名_1 & "'")
            DoCmd.RunSQL ("update tUser " & "set 备注='" & Me!备注_1 & "'" & "where
用户名='" & Me!用户名_1 & "'")
            Forms!fEdit.Refresh
            DoCmd.GoToControl "cmdedit"
            CmdSave.Enabled = False
            Me!用户名_1 = Me!用户名
            Me!口令_1 = Me!口令
            Me!备注_1 = Me!备注
            Me!tEnter = " "
            Me!用户名_1.Enabled = False
            Me!口令_1.Visible = False
            Me!备注_1.Visible = False
            Me!tEnter.Visible = False
            Me!Lremark.Visible = False
    Else
    '******Add******

    '******Add******
    End If
End Sub
```

7. 综合应用题 7

在"综合应用题 7"文件夹下有一个数据库文件"samp3.accdb",该数据库文件已经建立窗体对象"fSys",试按以下要求完成"fSys"窗体的设计。

(1)将窗体边框样式设置为"对话框边框",取消窗体中的水平和垂直滚动条、记录选择器、导航按钮、分隔线、控制框、关闭按钮、最大化按钮和最小化按钮。

(2)将窗体标题栏显示文本设置为"系统登录"。

(3)将窗体中"用户名称"(名称为"lUser")和"用户密码"(名称为"lPass")两个

标签上的文字颜色改为棕色（棕色代码为"#800000"），字体粗细改为"加粗"。

（4）将窗体中名称为"tPass"的文本框控件的内容以密码形式显示。

（5）按照以下窗体功能，补充事件代码设计。在窗体中有"用户名称"（名称为"tUser"）和"用户密码"（名称为"tPass"）两个文本框，还有"确定"和"退出"两个命令按钮，名称分别为"cmdEnter"和"cmdQuit"。在"tUser"和"tPass"两个文本框中输入用户名称和用户密码后，单击"确定"按钮，程序将判断输入的值是否正确。如果输入的用户名称为"cueb"，用户密码为"1234"，则显示提示框，提示框标题为"欢迎"，显示内容为"密码输入正确，欢迎进入系统！"，提示框中只有一个"确定"按钮，当单击"确定"按钮后，关闭该窗体；如果输入不正确，则提示框显示内容为"密码错误！"，同时清除"tUser"和"tPass"两个文本框中的内容，并将光标置于"tUser"文本框中。单击窗体上的"退出"按钮后，关闭当前窗体。

注意 不允许修改窗体对象"fSys"中未涉及的控件和属性，程序代码只允许在"***Add1（2/3）***"和"***Add1（2/3）***"之间的空行内补充一行语句来完成设计，不允许增删和修改其他位置已存在的语句。

```
Private Sub cmdEnter_Click()
    Dim name As String, pass As String
    name = Nz(Me!tUser)
    pass = Nz(Me!tPass)
' ****** Add1 ******

' ****** Add1 ******
        MsgBox "密码输入正确，欢迎进入系统！", vbOKOnly + vbCritical, "欢迎"    '显示消息框
        DoCmd.Close
    Else
        MsgBox "密码错误！", vbOKOnly    '显示消息框
        Me!tUser = ""             '使文本框清空
        Me!tPass = ""
' ****** Add2 ******

' ****** Add2 ******
    End If
End Sub


Private Sub cmdQuit_Click()
' ****** Add3 ******

' ****** Add3 ******
End Sub
```

8. 综合应用题 8

在"综合应用题 8"文件夹下有一个数据库文件"samp3.accdb"，该数据库文件已经建立了表对象"tStud"和窗体对象"fStud"试按以下要求完成"fStud"窗体的设计。

（1）在窗体的窗体页眉中距左边 0.4cm、距上边 1.2cm 处添加一个直线控件，控件宽度为 10.5cm，控件命名为"tLine"。

（2）将窗体中名称为"lTalbel"的标签控件上的文字颜色改为蓝色（蓝色代码为"#0000FF"），字体名称改为"华文行楷"，字体大小改为 22。

（3）将窗体边框改为"细边框"样式，取消窗体中的水平和垂直滚动条、记录选择器、导航按钮和分隔线，并且只保留窗体的关闭按钮。

（4）假设"tStud"表中"学号"字段的第 5 位和第 6 位编码代表该生的专业信息。当这两位编码为"10"时表示"信息"专业，为其他值时表示"管理"专业。设置窗体中名称为"tSub"的文本框控件的相应属性，使其根据"学号"字段的第 5 位和第 6 位编码显示对应的专业名称。

（5）在窗体中有一个"退出"命令按钮，名称为"cmdQuit"，其功能为关闭"fStud"窗体。请按照 VBA 代码中的指示将实现此功能的代码填入指定的位置中。

不允许修改窗体对象"fStud"中未涉及的控件、属性和 VBA 代码，不允许修改表对象"tStud"；程序代码只允许在"***Add***"和"***Add***"之间的空行内补充一行语句来完成设计，不允许增删和修改其他位置已存在的语句。

```
Private Sub cmdQuit_Click()
'******Add******

'******Add******
End Sub
```

9. 综合应用题 9

在"综合应用题 9"文件夹下有一个数据库文件"samp3.accdb"，该数据库文件已经建立了表对象"tEmp"、窗体对象"fEmp"、报表对象"rEmp"和宏对象"mEmp"。试按以下要求完成设计。

（1）将报表"rEmp"的报表页眉区内名为"bTitle"标签控件的标题显示设置为"职工基本信息表"，同时将其安排在距上边 0.5cm、距左侧 5cm 的位置。

（2）设置报表"rEmp"的主体区内"tSex"文本框显示"性别"字段的数据。

（3）将窗体按钮"btnP"的单击事件属性设置为宏"mEmp"，以完成按钮单击打开报表的操作。

（4）窗体加载时将"综合应用题 9"文件夹下的图片文件"test.bmp"设置为窗体"fEmp"的背景。窗体"加载"事件代码已提供，请补充完整（要求：背景图像文件的当前路径必须用 CurrentProject.Path 获得）。

不允许修改窗体对象"fEmp"和报表对象"rEmp"中未涉及的控件和属性，不允许修改表对象"tEmp"和宏对象"mEmp"；程序代码只允许在"***Add***"和"***Add***"之间的空行内补充一行语句来完成设计，不允许增删和修改其他位置已存在的语句。

```
Private Sub Form_Load()
```

```
            '设置窗体背景图片
            '*****Add*****


            '*****Add*****
End Sub
```

10. 综合应用题 10

在"综合应用题 10"文件夹下有一个数据库文件"samp3.accdb"，该数据库文件已经建立了表对象"tEmp"、窗体对象"fEmp"、报表对象"rEmp"和宏对象"mEmp"。同时给出了窗体对象"fEmp"的"加载"事件和"预览"及"打印"两个命令按钮的单击事件代码，试按以下要求完成设计。

（1）将窗体"fEmp"上的标签"bTitle"以特殊效果"凿痕"显示。

（2）已知窗体"fEmp"的 3 个命令按钮中，按钮"bt1"和"bt3"的大小一致，且左对齐。现要求在不更改"bt1"和"bt3"大小位置的基础上，调整按钮"bt2"的大小和位置，使其大小与"bt1"和"bt3"相同，水平与"bt1"和"bt3"左对齐，且在"bt1"和"bt3"之间。

（3）将窗体"fEmp"中名称为"bTitle"标签的显示标题设置为红色（代码为"#000000"），单击"预览"按钮（名为"bt1"）或"打印"按钮（名为"bt2"），事件传递参数通过调用同一个用户的自定义代码（"mdPnt"）实现报表预览或打印输出。单击"退出"按钮（名为"bt3"），调用设计好的宏"mEmp"来关闭窗体。

（4）将报表"rEmp"的记录源属性设置为表对象"tEmp"。

注意   不允许修改窗体对象"fEmp"和报表对象"rEmp"中未涉及的控件和属性，不允许修改表对象"tEmp"和宏对象"mEmp"；程序代码只允许在"***Add1（2）***"和"***Add1（2）***"之间的空行内补充一行语句来完成设计，不允许增删和修改其他位置已存在的语句。

```
Private Sub Form_Load()
    '设置 bTitle 标签为红色短文本显示
    '******Add1******


    '******Add1******
End Sub


'预览输出
Private Sub bt1_Click()
    '******Add2******


    '******Add2******
End Sub
```

附录

全国计算机等级考试二级公共基础知识部分模拟试题

一、全国计算机等级考试二级考试公共基础知识部分模拟试题一

1. 选择题

（1）下面叙述正确的是_____。

    A. 算法的执行效率与数据的存储结构无关

    B. 算法的空间复杂度是指算法程序中指令（或语句）的条数

    C. 算法的有穷性是指算法必须能在执行有限个步骤之后终止

    D. 以上 3 种描述都不对

（2）以下数据结构中不属于线性数据结构的是_____。

    A. 队列   B. 线性表   C. 二叉树   D. 栈

（3）在一棵二叉树上第 5 层的节点数最多是_____。

    A. 8   B. 16   C. 32   D. 15

（4）下面描述中，符合结构化程序设计风格的是_____。

    A. 使用顺序、选择和重复（循环）3 种基本控制结构表示程序的控制逻辑

    B. 模块只有一个入口，可以有多个出口

    C. 注重提高程序的执行效率

    D. 不使用 goto 语句

（5）下面概念中，不属于面向对象方法的是_____。

A. 对象　　　　B. 继承　　　　C. 类　　　　D. 过程调用

（6）在结构化方法中，用数据流程图（DFD）作为描述工具的软件开发阶段是_____。

A. 可行性分析　　B. 需求分析　　C. 详细设计　　D. 程序编码

（7）在软件开发中，下面任务中不属于设计阶段的是_____。

A. 数据结构设计　　　　　　　B. 给出系统模块结构

C. 定义模块算法　　　　　　　D. 定义需求并建立系统模型

（8）数据库系统的核心是_____。

A. 数据模型　　B. 数据库管理系统　C. 软件工具　　D. 数据库

（9）下列叙述中正确的是_____。

A. 数据库是一个独立的系统，不需要操作系统的支持

B. 数据库设计是指设计数据库管理系统

C. 数据库技术的根本目标是要解决数据共享的问题

D. 数据库系统中，数据的物理结构必须与逻辑结构一致

（10）下列模式中，能够给出数据库物理存储结构与物理存取方法的是_____。

A. 内模式　　B. 外模式　　C. 概念模式　　D. 逻辑模式

（11）算法的时间复杂度是指_____。

A. 执行算法程序所需要的时间

B. 算法程序的长度

C. 算法执行过程中所需要的基本运算次数

D. 算法程序中的指令条数

（12）下列叙述中正确的是_____。

A. 线性表是线性结构　　　　　B. 栈与队列是非线性结构

C. 线性链表是非线性结构　　　D. 二叉树是线性结构

（13）设一棵完全二叉树共有699个节点，则在该二叉树中的叶子节点数为_____。

A. 349　　　　B. 350　　　　C. 255　　　　D. 351

（14）结构化程序设计主要强调的是_____。

A. 程序的规模　　　　　　　　B. 程序的易读性

C. 程序的执行效率　　　　　　D. 程序的可移植性

（15）在软件生命周期中，能准确地确定软件系统必须做什么和必须具备哪些功能的阶段是_____。

A. 概要设计　　B. 详细设计　　C. 可行性分析　　D. 需求分析

（16）数据流图用于抽象描述一个软件的逻辑模型，数据流图由一些特定的图符构成。下列图符名标识的图符不属于数据流图合法图符的是_____。

A. 控制流　　B. 加工　　C. 数据存储　　D. 源和潭

（17）软件需求分析阶段的工作，可以分为4个方面：需求获取、需求分析、编写需求规格说明书以及_____。

    A. 阶段性报告　　B. 需求评审　　　　C. 总结　　　　　　D. 都不正确

（18）下述关于数据库系统的叙述中正确的是_____。

    A. 数据库系统减少了数据冗余

    B. 数据库系统避免了一切冗余

    C. 数据库系统中数据的一致性是指数据类型的一致

    D. 数据库系统比文件系统能管理更多的数据

（19）关系表中的每一横行称为一个_____。

    A. 元组　　　　　B. 字段　　　　　　C. 属性　　　　　　D. 码

（20）数据库设计包括两个方面的设计内容，它们是_____。

    A. 概念设计和逻辑设计　　　　　　B. 模式设计和内模式设计

    C. 内模式设计和物理设计　　　　　D. 结构特性设计和行为特性设计

（21）算法的空间复杂度是指_____。

    A. 算法程序的长度　　　　　　　　B. 算法程序中的指令条数

    C. 算法程序所占的存储空间　　　　D. 算法执行过程中所需要的存储空间

（22）下列关于栈的叙述中正确的是_____。

    A. 在栈中只能插入数据　　　　　　B. 在栈中只能删除数据

    C. 栈是先进先出的线性表　　　　　D. 栈是先进后出的线性表

（23）在深度为5的满二叉树中，叶子节点的个数为_____。

    A. 32　　　　　　B. 31　　　　　　　C. 16　　　　　　　D. 15

（24）对建立良好的程序设计风格，下面描述正确的是_____。

    A. 程序应简单、清晰、可读性好　　B. 符号名的命名要符合语法

    C. 充分考虑程序的执行效率　　　　D. 程序的注释可有可无

（25）下面对对象概念描述错误的是_____。

    A. 任何对象都必须有继承性　　　　B. 对象是属性和方法的封装体

    C. 对象间的通信靠消息传递　　　　D. 操作是对象的动态性属性

（26）下面不属于软件工程的3个要素的是_____。

    A. 工具　　　　　B. 过程　　　　　　C. 方法　　　　　　D. 环境

（27）程序流程图（PFD）中的箭头代表的是_____。

    A. 数据流　　　　B. 控制流　　　　　C. 调用关系　　　　D. 组成关系

（28）在数据管理技术的发展过程中，经历了人工管理阶段、文件系统阶段和数据库系统阶段。其中数据独立性最高的阶段是_____。

    A. 数据库系统　　B. 文件系统　　　　C. 人工管理　　　　D. 数据项管理

（29）用树形结构来表示实体之间联系的模型称为_____。

    A. 关系模型   B. 层次模型   C. 网状模型   D. 数据模型

（30）关系数据库管理系统能实现的专门关系运算包括_____。

    A. 排序、索引、统计   B. 选择、投影、连接

    C. 关联、更新、排序   D. 显示、打印、制表

（31）算法一般都可以用哪几种控制结构组合而成_____。

    A. 循环、分支、递归   B. 顺序、循环、嵌套

    C. 循环、递归、选择   D. 顺序、选择、循环

（32）数据的存储结构是指_____。

    A. 数据所占的存储空间量   B. 数据的逻辑结构在计算机中的表示

    C. 数据在计算机中的顺序存储方式   D. 存储在外存中的数据

（33）设有下列二叉树：

对此二叉树中序遍历的结果为_____。

    A. ABCDEF   B. DBEAFC   C. ABDECF   D. DEBFCA

（34）在面向对象方法中，一个对象请求另一对象为其服务的方式是通过发送_____。

    A. 调用语句   B. 命令   C. 口令   D. 消息

（35）检查软件产品是否符合需求定义的过程称为_____。

    A. 确认测试   B. 集成测试   C. 验证测试   D. 验收测试

（36）下列工具中属于需求分析常用工具的是_____。

    A. PAD   B. PFD   C. N-S   D. DFD

（37）下面不属于软件设计原则的是_____。

    A. 抽象   B. 模块化   C. 自底向上   D. 信息隐蔽

（38）索引属于_____。

    A. 模式   B. 内模式   C. 外模式   D. 概念模式

（39）在关系数据库中，用来表示实体之间联系的是_____。

    A. 树结构   B. 网结构   C. 线性表   D. 二维表

（40）将 E-R 图转换到关系模式时，实体与联系都可以表示成_____。

    A. 属性   B. 关系   C. 键   D. 域

（41）在下列选项中，哪个不是一个算法一般应该具有的基本特征_____。

　　A．确定性　　　　B．可行性　　　　C．无穷性　　　　D．拥有足够的情报

（42）希尔排序法属于哪一种类型的排序法_____。

　　A．交换类排序法　B．插入类排序法　C．选择类排序法　D．建堆排序法

（43）下列关于队列的叙述中正确的是_____。

　　A．在队列中只能插入数据　　　　　　B．在队列中只能删除数据

　　C．队列是先进先出的线性表　　　　　D．队列是先进后出的线性表

（44）对长度为 N 的线性表进行顺序查找，在最坏情况下所需要的比较次数为_____。

　　A．$N+1$　　　　　B．N　　　　　C．$(N+1)/2$　　　D．$N/2$

（45）信息隐蔽的概念与下述哪一种概念直接相关_____。

　　A．软件结构定义　B．模块独立性　　C．模块类型划分　D．模拟耦合度

（46）面向对象的设计方法与传统的面向过程的方法有本质不同，它的基本原理是_____。

　　A．模拟现实世界中不同事物之间的联系

　　B．强调模拟现实世界中的算法而不强调概念

　　C．使用现实世界的概念抽象地思考问题从而自然地解决问题

　　D．鼓励开发者在软件开发的绝大部分中都用实际领域的概念去思考

（47）在结构化方法中，软件功能分解属于下列软件开发中的阶段是_____。

　　A．详细设计　　　B．需求分析　　　C．总体设计　　　D．编程调试

（48）软件调试的目的是_____。

　　A．发现错误　　　　　　　　　　　　B．改正错误

　　C．改善软件的性能　　　　　　　　　D．挖掘软件的潜能

（49）按条件 f 对关系 R 进行选择，其关系代数表达式为_____。

　　A．R|X|R　　　　B．R|X|Rf　　　　C．6 fR.　　　　D．∏ fR.

（50）数据库概念设计的过程中，视图设计一般有 3 种设计次序，以下各项中不对的是_____。

　　A．自顶向下　　　B．由底向上　　　C．由内向外　　　D．由整体到局部

（51）在计算机中，算法是指_____。

　　A．查询方法　　　　　　　　　　　　B．加工方法

　　C．解题方案的准确而完整的描述　　　D．排序方法

（52）栈和队列的共同点是_____。

　　A．都是先进后出　　　　　　　　　　B．都是先进先出

　　C．只允许在端点处插入和删除元素　　D．没有共同点

（53）已知二叉树后序遍历序列是 dabec，中序遍历序列是 debac，它的前序遍历序列_____。

　　A．cedba　　　　B．acbed　　　　C．decab　　　　D．deabc

（54）在下列几种排序方法中，要求内存量最大的是_____。

A. 插入排序　　　B. 选择排序　　　C. 快速排序　　　D. 归并排序

（55）在设计程序时，应采纳的原则之一是_____。

A. 程序结构应有助于读者理解　　　B. 不限制 goto 语句的使用

C. 减少或取消注解行　　　D. 程序越短越好

（56）下列不属于软件调试技术的是_____。

A. 强行排错法　　B. 集成测试法　　C. 回溯法　　　D. 原因排除法

（57）下列叙述中，不属于软件需求规格说明书的作用的是_____。

A. 便于用户、开发人员进行理解和交流

B. 反映出用户问题的结构，可以作为软件开发工作的基础和依据

C. 作为确认测试和验收的依据

D. 便于开发人员进行需求分析

（58）在数据流图（DFD）中，带有名字的箭头表示_____。

A. 控制程序的执行顺序　　　B. 模块之间的调用关系

C. 数据的流向　　　D. 程序的组成成分

（59）SQL 语言又称为_____。

A. 结构化定义语言　　　B. 结构化控制语言

C. 结构化查询语言　　　D. 结构化操纵语言

（60）视图设计一般有 3 种设计次序，下列不属于视图设计的是_____。

A. 自顶向下　　B. 由外向内　　C. 由内向外　　D. 自底向上

（61）数据结构中，与所使用的计算机无关的是数据的_____。

A. 存储结构　　B. 物理结构　　C. 逻辑结构　　D. 物理和存储结构

（62）栈底至栈顶依次存放元素 A、B、C、D，在第 5 个元素 E 入栈前，栈中元素可以出栈，则出栈序列可能是_____。

A. ABCED　　B. DBCEA　　C. CDABE　　D. DCBEA

（63）线性表的顺序存储结构和线性表的链式存储结构分别是_____。

A. 顺序存取的存储结构、顺序存取的存储结构

B. 随机存取的存储结构、顺序存取的存储结构

C. 随机存取的存储结构、随机存取的存储结构

D. 任意存取的存储结构、任意存取的存储结构

（64）在单链表中，增加头节点的目的是_____。

A. 方便运算的实现　　　B. 使单链表至少有一个节点

C. 标识表节点中首节点的位置　　　D. 说明单链表是线性表的链式存储实现

（65）软件设计包括软件的结构、数据接口和过程设计，其中软件的过程设计是指_____。

A. 模块间的关系　　　B. 系统结构部件转换成软件的过程描述

C. 软件层次结构 D. 软件开发过程

（66）为了避免流程图在描述程序逻辑时的灵活性，人们提出了用方框图来代替传统的程序流程图，通常也把这种图称为_____。

    A. PAD 图   B. N-S 图   C. 结构图   D. 数据流图

（67）数据处理的最小单位是_____。

    A. 数据   B. 数据元素   C. 数据项   D. 数据结构

（68）下列有关数据库的描述，正确的是_____。

    A. 数据库是一个 DBF 文件   B. 数据库是一个关系

    C. 数据库是一个结构化的数据集合   D. 数据库是一组文件

（69）单个用户使用的数据视图的描述称为_____。

    A. 外模式   B. 概念模式   C. 内模式   D. 存储模式

（70）需求分析阶段的任务是确定_____。

    A. 软件开发方法   B. 软件开发工具   C. 软件开发费用   D. 软件系统功能

（71）算法分析的目的是_____。

    A. 找出数据结构的合理性   B. 找出算法中输入和输出之间的关系

    C. 分析算法的易懂性和可靠性   D. 分析算法的效率以求改进

（72）n 个顶点的强连通图的边数至少有_____。

    A. $n-1$ B. $n(n-1)$ C. n D. $n+1$

（73）已知数据表 A 中每个元素距其最终位置不远，为节省时间，应采用的算法是_____。

    A. 堆排序   B. 直接插入排序   C. 快速排序   D. 直接选择排序

（74）用链表表示线性表的优点是_____。

    A. 便于插入和删除操作   B. 数据元素的物理顺序与逻辑顺序相同

    C. 花费的存储空间较顺序存储少   D. 便于随机存取

（75）下列不属于结构化分析的常用工具的是_____。

    A. 数据流图   B. 数据字典   C. 判定树   D. PAD 图

（76）软件开发的结构化生命周期方法将软件生命周期划分成_____。

    A. 定义、开发、运行维护   B. 设计阶段、编程阶段、测试阶段

    C. 总体设计、详细设计、编程调试   D. 需求分析、功能定义、系统设计

（77）在软件工程中，白箱测试法可用于测试程序的内部结构。此方法将程序看作是_____。

    A. 循环的集合   B. 地址的集合   C. 路径的集合   D. 目标的集合

（78）在数据管理技术发展过程中，文件系统与数据库系统的主要区别是数据库系统具有_____。

    A. 数据无冗余   B. 数据可共享

    C. 专门的数据管理软件   D. 特定的数据模型

（79）分布式数据库系统不具有的特点是_____。

    A. 分布式   B. 数据冗余

    C. 数据分布性和逻辑整体性   D. 位置透明性和复制透明性

（80）下列说法中，不属于数据模型所描述的内容的是_____。

    A. 数据结构   B. 数据操作   C. 数据查询   D. 数据约束

2. 填空题

（1）算法的复杂度主要包括_____复杂度和空间复杂度。

（2）数据的逻辑结构在计算机存储空间中的存放形式称为数据的_____。

（3）若按功能划分，软件测试的方法通常分为白盒测试方法和_____测试方法。

（4）如果一个工人可管理多个设施，而一个设施只被一个工人管理，则实体"工人"与实体"设备"之间存在_____联系。

（5）关系数据库管理系统能实现的专门关系运算包括选择、连接和_____。

（6）在先左后右的原则下，根据访问根节点的次序，二叉树的遍历可以分为 3 种：前序遍历、_____遍历和后序遍历。

（7）结构化程序设计方法的主要原则可以概括为自顶向下、逐步求精、_____和限制使用 goto 语句。

（8）软件的调试方法主要有：强行排错法、_____和原因排除法。

（9）数据库系统的三级模式分别为_____模式、内部级模式与外部级模式。

（10）数据字典是各类数据描述的集合，它通常包括 5 个部分，即数据项、数据结构、数据流、_____和处理过程。

（11）设一棵完全二叉树共有 500 个节点，则在该二叉树中有_____个叶子节点。

（12）在最坏情况下，冒泡排序的时间复杂度为_____。

（13）面向对象的程序设计方法中涉及的对象是系统中用来描述客观事物的一个_____。

（14）软件的需求分析阶段的工作，可以概括为 4 个方面：_____、需求分析、编写需求规格说明书和需求评审。

（15）_____是数据库应用的核心。

（16）数据结构包括数据的_____结构和数据的存储结构。

（17）软件工程研究的内容主要包括：_____技术和软件工程管理。

（18）与结构化需求分析方法相对应的是_____方法。

（19）关系模型的完整性规则是对关系的某种约束条件，包括实体完整性、_____和自定义完整性。

（20）数据模型按不同的应用层次分为 3 种类型，它们是_____数据模型、逻辑数据模型和物理数据模型。

（21）栈的基本运算有 3 种：入栈、退栈和_____。

（22）在面向对象方法中，信息隐蔽是通过对象的_____性来实现的。

（23）数据流的类型有_____和事务型。

（24）数据库系统中实现各种数据管理功能的核心软件称为_____。

（25）关系模型的数据操纵即建立在关系上的数据操纵，一般有_____、增加、删除和修改4种操作。

（26）实现算法所需的存储单元多少和算法的工作量大小分别称为算法的_____。

（27）数据结构包括数据的逻辑结构、数据的_____以及对数据的操作运算。

（28）一个类可以从直接或间接的祖先中继承所有属性和方法。采用这个方法提高了软件的_____。

（29）面向对象的模型中，最基本的概念是对象和_____。

（30）软件维护活动包括以下几类：改正性维护、适应性维护、_____维护和预防性维护。

（31）算法的基本特征是可行性、确定性、_____和拥有足够的情报。

（32）顺序存储方法是把逻辑上相邻的节点存储在物理位置_____的存储单元中。

（33）Jackson结构化程序设计方法是英国的M. Jackson提出的，它是一种面向_____的设计方法。

（34）数据库设计分为以下6个设计阶段：需求分析阶段、_____、逻辑设计阶段、物理设计阶段、实施阶段、运行和维护阶段。

（35）数据库保护分为：安全性控制、_____、并发性控制和数据的恢复。

（36）测试的目的是暴露错误，评价程序的可靠性；而_____的目的是发现错误的位置并改正错误。

（37）在最坏情况下，堆排序需要比较的次数为_____。

（38）若串 s="Program"，则其子串的数目是_____。

（39）一个项目具有一个项目主管，一个项目主管可管理多个项目，则实体"项目主管"与实体"项目"的联系属于_____的联系。

（40）数据库管理系统常见的数据模型有层次模型、网状模型和_____ 3种。

二、全国计算机等级考试二级考试公共基础知识部分模拟试题二

1. 选择题

（1）在深度为5的满二叉树中，叶子节点的个数为_____。

    A. 32   B. 31   C. 16   D. 15

（2）若某二叉树的前序遍历访问顺序是 abdgcefh，中序遍历访问顺序是 dgbaechf，则其后序遍历的节点访问顺序是_____。

    A．bdgcefha   B．gdbecfha   C．bdgaechf   D．gdbehfca

（3）一些重要的程序语言（如 C 语言和 Pascal 语言）允许过程的递归调用。而实现递归调用中的存储分配通常使用_____。

    A．栈   B．堆   C．数组   D．链表

（4）软件工程的理论和技术性研究的内容主要包括软件开发技术和_____。

    A．消除软件危机   B．软件工程管理

    C．程序设计自动化   D．实现软件可重用

（5）开发软件时对提高开发人员工作效率至关重要的是_____。

    A．操作系统的资源管理功能   B．先进的软件开发工具和环境

    C．程序人员的数量   D．计算机的并行处理能力

（6）在软件测试设计中，软件测试的主要目的是_____。

    A．实验性运行软件   B．证明软件正确

    C．找出软件中全部错误   D．发现软件错误而执行程序

（7）数据处理的最小单位是_____。

    A．数据   B．数据元素   C．数据项   D．数据结构

（8）索引属于_____。

    A．模式   B．内模式   C．外模式   D．概念模式

（9）下述关于数据库系统的叙述中正确的是_____。

    A．数据库系统减少了数据冗余

    B．数据库系统避免了一切冗余

    C．数据库系统中数据的一致性是指数据类型一致

    D．数据库系统比文件系统能管理更多的数据

（10）数据库系统的核心是_____。

    A．数据库   B．数据库管理系统 C．模拟模型   D．软件工程

（11）在以下数据库系统（由数据库应用系统、操作系统、数据库管理系统、硬件 4 部分组成）层次示意图中，数据库应用系统的位置是_____。

数据库系统层次示意图

A. 1　　　　　B. 3　　　　　C. 2　　　　　D. 4

（12）数据库系统四要素中，数据库系统的核心和管理对象是_____。

A. 硬件　　　　B. 软件　　　　C. 数据库　　　　D. 人

（13）Access 数据库中哪个数据库对象是其他数据库对象的基础_____。

A. 报表　　　　B. 查询　　　　C. 表　　　　D. 模块

（14）通过关联关键字"系别"这一相同字段，表二和表一构成的关系为_____。

表一

学号	系别	班级
3011141082	一系	0102
3011141123	一系	0102
3011142044	三系	0122

表二

系别	报到人数	未到人数
一系	100	3
二系	200	3
三系	300	6

A. 一对一　　　　B. 多对一　　　　C. 一对多　　　　D. 多对多

（15）某数据库的表中要添加 Internet 站点的网址，则该采用的字段类型是_____。

A. OLE 对象数据类型　　　　　　B. 超级连接数据类型

C. 查阅向导数据类型　　　　　　D. 自动编号数据类型

（16）在 Access 的 5 个最主要的查询中，能从一个或多个表中检索数据，在一定的限制条件下，还可以通过此查询方式来更改相关表中记录的是_____。

A. 选择查询　　　B. 参数查询　　　C. 操作查询　　　D. SQL 查询

（17）哪个查询是包含另一个选择或操作查询中的 SQL SELECT 语句，可以在查询设计网格的"字段"行输入这些语句来定义新字段，或在"准则"行来定义字段的准则的查询是_____。

A. 联合查询　　　B. 传递查询　　　C. 数据定义查询　　　D. 子查询

（18）下列不属于查询的 3 种视图的是_____。

A. 设计视图　　　B. 模板视图　　　C. 数据表视图　　　D. SQL 视图

（19）要将"选课成绩"表中学生的成绩取整，可以使用_____。

A. Abs（[成绩]）　B. Int（[成绩]）　　C. Srq（[成绩]）　　D. Sgn（[成绩]）

（20）在查询设计视图中，_____。

A. 可以添加数据库表，也可以添加查询

B. 只能添加数据库表

  C. 只能添加查询

  D. 数据库表和查询都不能添加

（21）窗体是 Access 数据库中的一种对象，以下_____不是窗体具备的功能。

  A. 输入数据   B. 编辑数据

  C. 输出数据   D. 显示和查询表中的数据

（22）窗体有 3 种视图，用于创建窗体或修改窗体的窗口是窗体的_____。

  A. 设计视图   B. 窗体视图   C. 数据表视图   D. 透视表视图

（23）"特殊效果"属性值用于设定控件的显示特效，下列属于"特殊效果"属性值的是_____。
①"平面"，②"颜色"，③"凸起"，④"蚀刻"，⑤"透明"，⑥"阴影"，⑦"凹陷"，⑧"凿痕"，⑨"倾斜"

  A. ①②③④⑤⑥   B. ①③④⑤⑥⑦   C. ①④⑥⑦⑧⑨   D. ①③④⑥⑦⑧

（24）窗口事件是指操作窗口时所引发的事件，下列不属于窗口事件的是_____。

  A. "加载"   B. "打开"   C. "关闭"   D. "确定"

（25）下面关于报表对数据的处理中叙述正确的是_____。

  A. 报表只能输入数据   B. 报表只能输出数据

  C. 报表可以输入和输出数据   D. 报表不能输入和输出数据

（26）用于实现报表的分组统计数据的操作区间是_____。

  A. 报表的主体区域   B. 页面页眉或页面页脚区域

  C. 报表页眉或报表页脚区域   D. 组页眉或组页脚区域

（27）为了在报表的每一页底部显示页码号，那么应该设置_____。

  A. 报表页眉   B. 页面页眉   C. 页面页脚   D. 报表页脚

（28）要在报表上显示格式为"7/总 10 页"的页码，则计算控件的控件源应设置为_____。

  A. [Page]/总[Pages]   B. =[Page]/总[Pages]

  C. [Page]&"/总"&[Pages]   D. =[Page]&"/总"&[Pages]

（29）可以将 Access 数据库中的数据发布在 Internet 网络上的是_____。

  A. 查询   B. 数据访问页   C. 窗体   D. 报表

（30）下列关于宏操作的叙述错误的是_____。

  A. 可以使用宏组来管理相关的一系列宏

  B. 使用宏可以启动其他应用程序

  C. 所有宏操作都可以转化为相应的模块代码

  D. 宏的关系表达式中不能应用窗体或报表的控件值

（31）用于最大化激活窗口的宏命令是_____。

  A. Minimize   B. Requery   C. Maximize   D. Restore

（32）在宏的表达式中要引用报表 exam 上控件 Name 的值，可以使用引用式_____。

A. Reports!Name   B. Reports!exam!Name

C. exam!Name   D. ReportsexamName

（33）可以判定某个日期表达式能否转换为日期或时间的函数是_____。

A. CDate   B. IsDate   C. Date   D. IsText

（34）以下哪个选项定义了 10 个整型数构成的数组，数组元素为 NewArray(1)至 NewArray(10)? _____

A. Dim　NewArray(10)　AsInteger   B. Dim　NewArray(1 To 10)　AsInteger

C. Dim　NewArray(10)　Integer   D. Dim　NewArray(1 To 10)Integer

（35）算法的空间复杂度是指_____。

A. 算法程序的长度   B. 算法程序中的指令条数

C. 算法程序所占的存储空间   D. 执行过程中所需要的存储空间

（36）用链表表示线性表的优点是_____。

A. 便于随机存取   B. 占用的存储空间较顺序存储少

C. 便于插入和删除操作   D. 数据元素的物理顺序与逻辑顺序相同

（37）数据结构中，与所使用的计算机无关的是数据的_____。

A. 存储结构   B. 物理结构   C. 逻辑结构   D. 物理和存储结构

（38）结构化程序设计主要强调的是_____。

A. 程序的规模   B. 程序的效率

C. 程序设计语言的先进性   D. 程序易读性

（39）软件设计包括软件的结构、数据接口和过程设计，其中软件的过程设计是指_____。

A. 模块间的关系   B. 系统结构部件转换成软件的过程描述

C. 软件层次结构   D. 软件开发过程

（40）检查软件产品是否符合需求定义的过程称为_____。

A. 确认测试   B. 集成测试   C. 验证测试   D. 验收测试

（41）数据流图用于抽象描述一个软件的逻辑模型，数据流图由一些特定的图符构成。下列图符名标识的图符不属于数据流图合法图符的是_____。

A. 控制流   B. 加工   C. 数据存储   D. 源和潭

（42）应用数据库的主要目的是_____。

A. 解决数据保密问题   B. 解决数据完整性问题

C. 解决数据共享问题   D. 解决数据量大的问题

（43）在数据库设计中，将 E-R 图转换成关系数据模型的过程属于_____。

A. 需求分析阶段   B. 逻辑设计阶段   C. 概念设计阶段   D. 物理设计阶段

（44）在数据管理技术的发展过程中，经历了人工管理阶段、文件系统阶段和数据库系统阶段。其中数据独立性最高的阶段是_____。

A. 数据库系统　　B. 文件系统　　　C. 人工管理　　　D. 数据项管理

（45）DB（数据库）、DBS（数据库系统）、DBMS（数据库管理系统）三者之间的关系是_____。

A. DBS 包括 DB 和 DBMS　　　　　B. DBMS 包括 DB 和 DBS

C. DB 包括 DBS 和 DBMS　　　　　D. DBS 等于 DB 等于 DBMS

（46）下图所示的数据模型属于_____。

A. 层次模型　　B. 关系模型　　　C. 网状模型　　　D. 以上皆非

（47）下列关系模型中术语解析不真确的是_____。

A. 记录，满足一定规范化要求的二维表，也称关系

B. 字段，二维表中的一列

C. 数据项，也成分量，是没个记录中的一个字段的值

D. 字段的值域，字段的取值范围，也称为属性域

（48）用 SQL 语言描述"在教师表中查找男教师的全部信息"，以下描述真确的是_____。

A. SELECTFROM 教师表 IF 性别="男"

B. SELECT 性别 FROM 教师表 IF 性别="男"

C. SELECT*FROM 教师表 WHERE 性别="男"

D. SELECT*FROM 性别 WHERE 性别="男"

（49）将所有字符转换为大写的输入掩码是_____。

A. >　　　　　　B. <　　　　　　C. 0　　　　　　D. A

（50）Access 中表与表的关系都定义为_____。

A. 一对多关系　　B. 多对多关系　　C. 一对一关系　　D. 多对一关系

（51）下列属于操作查询的是_____。

①删除查询　②更新查询　③交叉表查询　④追加查询　⑤生成表查询

A. ①②③④　　B. ②③④⑤　　C. ③④⑤①　　D. ④⑤①②

（52）哪个查询会在执行时弹出对话框，提示用户输入必要的信息，再按照这些信息进行查询？_____

A. 选择查询　　B. 参数查询　　C. 交叉表查询　　D. 操作查询

（53）查询能实现的功能有_____。

A. 选择字段，选择记录，编辑记录，实现计算，建立新表，建立数据库

B. 选择字段，选择记录，编辑记录，实现计算，建立新表，更新关系

C. 选择字段，选择记录，编辑记录，实现计算，建立新表，设置格式

D. 选择字段，选择记录，编辑记录，实现计算，建立新表，建立基于查询的报表和窗体

（54）特殊运算符"In"的含义是_____。

A. 用于指定一个字段值的范围，指定的范围之间用 And 连接

B. 用于指定一个字段值的列表，列表中的任一值都可与查询的字段相匹配

C. 用于指定一个字段为空

D. 用于指定一个字段为非空

（55）下面示例中准则的功能是_____。

字段名	准则
工作时间	Between#99-01-01#and#99-12-31#

A. 查询 1999 年 1 月之前参加工作的职工

B. 查询 1999 年 12 月之后参加工作的职工

C. 查询 1999 年参加工作的职工

D. 查询 1999 年 1 月和 2 月参加工作的职工

（56）窗体中的信息不包括_____。

A. 设计者在设计窗口时附加的一些提示信息

B. 设计者在设计窗口时输入的一些重要信息

C. 所处理表的记录

D. 所处理查询的记录

（57）用于创建窗体或修改窗体的窗口是窗体的_____。

A. 设计视图 　　B. 窗体视图 　　C. 数据表视图 　　D. 透视表视图

（58）没有数据来源，且可以用来显示信息、线条、矩形或图像的控件的类型是_____。

A. 结合型 　　　B. 非结合型 　　C. 计算型 　　　D. 非计算型

（59）下列不属于控件格式属性的是_____。

A. 标题 　　　　B. 正文 　　　　C. 字体大小 　　D. 字体粗细

（60）鼠标事件是指操作鼠标所引发的事件，下列不属于鼠标事件的是_____。

A. "鼠标按下" 　B. "鼠标移动" 　C. "鼠标释放" 　D. "鼠标锁定"

（61）对报表属性中的数据源设置，下列说法正确的是_____。

A. 只能是表对象 　　　　　　　B. 只能是查询对象

C. 既可以是表对象也可以是查询对象 　D. 以上说法均不正确

（62）报表中的报表页眉是用来_____。

    A. 显示报表中的字段名称或对记录的分组名称

    B. 显示报表的标题、图形或说明性文字

    C. 显示本页的汇总说明

    D. 显示整份报表的汇总说明

（63）数据访问页有两种视图方式，它们是_____。

    A. 设计视图和数据表视图   B. 设计视图和页视图

    C. 设计视图和打印预览视图   D. 设计视图和窗体视图

（64）能够创建宏的设计器是_____。

    A. 窗体设计器   B. 报表设计器   C. 表设计器   D. 宏设计器

（65）用于打开报表的宏命令是_____。

    A. OpenForm   B. OpenQuery   C. OpenReport   D. RunSQL

（66）以下关于标准模块的说法不正确的是_____。

    A. 标准模块一般用于存放其他 Access 数据库对象使用的公共过程

    B. 在 Access 系统中可以通过创建新的模块对象而进入其代码设计环境

    C. 标准模块所有的变量或函数都具有全局特性，是公共的

    D. 标准模块的生命周期是伴随着应用程序的运行而开始，关闭而结束

2. 填空题

（1）数据的逻辑结构有线性结构和_____两大类。

（2）顺序存储方法是把逻辑上相邻的节点存储在物理位置_____两大类。

（3）一个类可以从直接或间接的祖先中继承所有属性和方法，采用这个方法提高了软件的_____。

（4）软件工程研究的内容主要包括：_____技术和软件工程管理。

（5）关系操作的特点是_____操作。

（6）查询设计器分为上下两部分，上半部分是表的显示区，下半部分是_____。

（7）窗体中的窗体称为_____，在其中可以创建_____。

（8）表操作共有 3 种视图，分别是设计视图、打印视图、_____视图。

（9）在树形结构中，树根节点没有_____。

（10）Jackson 结构化程序设计方法是英国的 M. Jackson 提出的，它是一种面向_____的设计方法。

（11）面向对象的模型中，最基本的概念是对象和_____。

（12）软件设计模块化的目的是_____。

（13）数据模型按不同应用层次分成 3 种类型，它们分别是概念数据模型、_____和物理数据模型。

（14）二维表中的一行称为关系的_____。

（15）3个基本的关系运算是_____、_____和连接。

（16）窗体由多个部分组成，每个部分称为一个_____，大部分的窗体只有_____。

（17）_____是窗体上用于显示数据、执行操作、装饰窗体的对象。

（18）一个主报表最多只能包含_____子窗体或子报表。

（19）在数据访问页的工具箱中，图标的名称是_____。

（20）数据访问页有两种视图，分别为页视图和_____。

（21）VBA中定义符号常量的关键字是_____。

模拟试题一答案

1. 选择题

（1）C （2）C （3）B （4）A （5）D （6）B （7）D （8）B （9）C

（10）A （11）C （12）A （13）B （14）B （15）D （16）A （17）B （18）A

（19）A （20）A （21）D （22）D （23）C （24）A （25）A （26）D （27）B

（28）A （29）B （30）B （31）D （32）B （33）B （34）D （35）A （36）D

（37）C （38）B （39）D （40）B （41）D （42）B （43）C （44）B （45）B

（46）C （47）C （48）C （49）D （50）C （51）C （52）C （53）A （54）D

（55）A （56）B （57）B （58）C （59）C （60）B （61）C （62）B （63）B

（64）A （65）B （66）B （67）C （68）C （69）A （70）D （71）D （72）C

（73）B （74）A （75）D （76）A （77）C （78）D （79）B （80）C

2. 填空题

（1）时间 （2）模式或逻辑模式或概念模式 （3）黑盒

（4）一对多或 $1:n$ （5）投影 （6）中序 （7）模块化

（8）回溯法 （9）概念或概念级 （10）数据存储

（11）250 （12）$n(n-1)/2$

（13）实体 （14）需求获取 （15）数据库设计 （16）逻辑 （17）软件开发

（18）结构化设计 （19）参照完整性 （20）概念

（21）读栈顶元素或读栈顶的元素或读出栈顶元素

（22）封装 （23）变换型 （24）数据库管理系统或DBMS （25）查询

（26）空间复杂度和时间复杂度 （27）存储结构 （28）可重用性

（29）类 （30）完善性 （31）有穷性 （32）相邻 （33）数据结构

（34）概念设计阶段或数据库概念设计阶段 （35）完整性控制 （36）调试

（37）O（$n\log_2 n$） （38）29 （39）一对多或 1：n （40）关系模型

模拟试题二答案

1. 选择题

（1）C （2）D （3）A （4）B （5）B （6）D （7）C （8）B （9）A
（10）B （11）D （12）C （13）C （14）C （15）B （16）A （17）D （18）B
（19）B （20）A （21）C （22）A （23）D （24）D （25）B （26）D （27）C
（28）D （29）B （30）D （31）C （32）B （33）D （34）B （35）D （36）C
（37）C （38）D （39）B （40）D （41）A （42）C （43）B （44）A （45）A
（46）A （47）A （48）C （49）A （50）A （51）D （52）B （53）D （54）B
（55）C （56）B （57）A （58）B （59）B （60）D （61）C （62）B （63）B
（64）D （65）C （66）C

2. 填空题

（1）非线性结构 （2）相邻 （3）可重用性
（4）软件开发 （5）集合 （6）查询设计区 （7）子窗体 控件
（8）版面预览 （9）前件 （10）数据结构 （11）类
（12）降低复杂性 （13）逻辑数据模型 （14）记录或元组 （15）选择投影
（16）节 主体 （17）控件 （18）两级 （19）命令按钮
（20）设计视图 （21）const